Uni-Taschenbücher 341

UTB

Eine Arbeitsgemeinschaft der Verlage

Birkhäuser Verlag Basel und Stuttgart
Wilhelm Fink Verlag München
Gustav Fischer Verlag Stuttgart
Francke Verlag München
Paul Haupt Verlag Bern und Stuttgart
Dr. Alfred Hüthig Verlag Heidelberg
J. C. B. Mohr (Paul Siebeck) Tübingen
Quelle & Meyer Heidelberg
Ernst Reinhardt Verlag München und Basel
F. K. Schattauer Verlag Stuttgart-New York
Ferdinand Schöningh Verlag Paderborn
Dr. Dietrich Steinkopff Verlag Darmstadt
Eugen Ulmer Verlag Stuttgart
Vandenhoeck & Ruprecht in Göttingen und Zürich
Verlag Dokumentation München-Pullach

Konrad Lang

Wasser, Mineralstoffe, Spurenelemente

Eine Einführung für Studierende
der Medizin, Biologie, Chemie, Pharmazie
und Ernährungswissenschaft

Mit 11 Abbildungen und 44 Tabellen

Springer-Verlag Berlin Heidelberg GmbH

Prof. Dr. rer. nat. Dr. med. KONRAD LANG, geboren am 15. August 1898 in Bruchsal, studierte mit Unterbrechung durch den Kriegsdienst (1916–1919) Naturwissenschaften in Freiburg i.Br. 1923 Promotion zum Dr. rer.nat. 1928 Medizinisches Staatsexamen und Promotion zum Dr. med 1929–1936 Sekundärarzt und Leiter des Labors der Städtischen Krankenanstalten Kiel. 1936 Habilitation in Kiel. 1936–1944 Leiter des Physiologisch-Chemischen Instituts der damaligen Militärärztlichen Akademie in Berlin. 1942 a.o. Professor für Physiologische Chemie. 1944 Berufung auf das Ordinariat für Physiologische Chemie an der damaligen Reichsuniversität Posen. 1945–1946 kommissarische Verwaltung des Lehrstuhles für Physiologische Chemie in Heidelberg. 1946 bis 1966 Direktor des Physiologisch-Chemischen Institutes der wieder begründeten Universität Mainz. Gegenwärtiger Wohnsitz: Bad Krozingen. Mitherausgeber und Verfasser zweier Bände des mehrbändigen Lehrbuches der Physiologie in Einzeldarstellungen von W. TRENDELENBURG und E. SCHÜTZ, Mitherausgeber des mehrbändigen Handbuches der physiologisch- und pathologisch-chemischen Analyse (HOPPE-SEYLER/THIERFELDER). Edition mehrerer Bände der Reihe Anaesthesiology and Resuscitation, Herausgeber der Reihe Current Topics in Nutritional Sciences (innerhalb deren sein Handbuch über die Biochemie der Ernährung in 3 Auflagen erschien), Begründer und langjähriger Herausgeber der Wissenschaftlichen Veröffentlichungen der Deutschen Gesellschaft für Ernährung (deren wissenschaftliche Abteilung er jahrelang leitete), langjähriger Herausgeber der Biochemischen Zeitschrift und der Rona-Berichte, Begründer und Herausgeber der internationalen Zeitschrift für Ernährungswissenschaft und ihrer Supplementa. Mitherausgeber zahlreicher weiterer wissenschaftlicher Zeitschriften (darunter der Klinischen Wochenschrift). Mitglied in zahlreichen nationalen und internationalen Gremien (u.a. WHO, Deutsche Forschungsgemeinschaft usw.) sowie Mitglied und Ehrenmitglied zahlreicher wissenschaftlicher Gesellschaften im In- und Ausland.

ISBN 978-3-7985-0395-3   ISBN 978-3-642-95953-0 (eBook)
DOI 10.1007/978-3-642-95953-0

Einbandgestaltung: Alfred Krugmann, Stuttgart
Satz: Dr. Alexander Krebs, Hemsbach/Bergstr.
Gebunden bei der Großbuchbinderei Sigloch, Stuttgart

Vorwort

Biochemische Funktionen und Stoffwechsel von Wasser, Mineralstoffen und Spurenelementen werden von den Lehrbüchern der Biochemie und Physiologie zumeist nur am Rande behandelt. Eine Gesamtübersicht über dieses Gebiet fehlte praktisch vollkommen. Katastrophen im Wasser- und Mineralhaushalt gehören zu den elementaren Gefährdungen des Lebens. Sie zu erkennen, zu verhüten und zu heilen setzt ein fundiertes Wissen über die biochemischen und physiologischen Grundlagen des Wasser- und Mineralhaushaltes voraus. Unsere Kenntnisse über die Biochemie der Spurenelemente haben sich in der neuesten Zeit bedeutend erweitert und vertieft, vor allem auf Grund der großen Fortschritte der Analytik, die es erlauben, in immer kleinere Dimensionen vorzudringen. Das Gebiet der Spurenelemente war lange Zeit ein beliebter Tummelplatz vager Spekulationen weltanschaulich Gebundener. Der Verfasser dieser kleinen Einführung hat es sich daher zur Aufgabe gemacht, seine Darstellung dieses Gebietes durch einwandfreie Daten und Zahlen zu belegen. Die ernährungsphysiologischen Gesichtspunkte wurden von dem Verfasser mit in den Vordergrund gestellt, weshalb auch die damit zusammenhängenden toxikologischen Fragen mit behandelt wurden. Aus diesem Grund wurden auch die sich aus der Umweltverschmutzung mit toxischen Elementen bzw. anorganischen Ionen ergebenden Probleme, ferner auch die Kontamination der Nahrung mit Radionukliden mit in diesem Buch berücksichtigt.

Dem Verlag danke ich für die verständnisvolle Zusammenarbeit und die gute Ausstattung des Buches.

Bad Krozingen, Frühjahr 1974   *Konrad Lang*

Inhaltsverzeichnis

Inhaltsverzeichnis

Abkürzungen und Definitionen

Acetyl-CoA	Acetylcoenzym A
ACTH	Adrenocorticotropes Hormon
ADP	Adenosindiphosphat
AMP	Adenosinmonophosphat
ATP	Adenosintriphosphat
Ci	Curie. Maß für die Radioaktivität eines Isotops, bei dem $3,7 \cdot 10^{10}$ Zerfälle/sec stattfinden
CTP	Cytidintriphosphat
DNS	Desoxyribonukleinsäure
EEG	Elektroencephalogramm
EKG	Elektrocardiogramm
GTP	Guanosintriphosphat
Hb	Hämoglobin
HbO_2	Oxyhämoglobin
ITP	Inosintriphosphat
KG	Körpergewicht
LD_{50}	Letale Dosis, bei der 50 % der Tiere sterben
m	Milli- (10^{-3})
μ	Mikro- (10^{-6})
n	Nano- (10^{-9})
p	Pico- (10^{-12})
MeV	Strahlenenergie von $1,602 \cdot 10^6$ erg
MZM	Maximalzulässige Menge von Radionukliden
NAD	Nicotinamid-adenin-dinukleotid
NADP	Nicotinamid-adenin-dinukleotidphosphat
Osmolalität	Osmol/kg Wasser. (Molare Konzentration aller osmotisch wirksamen Teilchen je kg Wasser)
Osmolarität	Osmol/Liter Lösung. (Molare Konzentration aller osmotisch wirksamen Teilchen je Liter Lösung)
ppb	Parts per Billion (μg/kg)
ppm	Parts per Million (μg/g = mg/kg)
rad	Energiedosis, bei der von der bestrahlten Materie 100 erg/g absorbiert werden
rem	1 rad für Röntgenstrahlen (roentgen equivalent man)
t/2	Halbwertszeit
val	Äquivalentgewicht in g
WHO	World Health Organization

1. Wasser

Der *Wassergehalt des menschlichen Organismus* schwankt etwa *zwischen 50 und 70%*. Bezogen auf die fettfreie Körpersubstanz ist er jedoch weitgehend konstant und beträgt 71−73%. Der Fettgehalt des Menschen läßt sich in vivo durch Bestimmung des spezifischen Gewichts oder die Verteilung von Propan ermitteln.

Wasser ist ein unentbehrlicher Bestandteil aller lebenden Organismen. Infolge seiner besonderen Eigenschaften hat es im Organismus eine Reihe von Funktionen:

1. Als *Strukturbestandteil von Makromolekülen* wie Proteinen, Nucleinsäuren und Polysacchariden, die es in geordnetem Zustand „semikristallinisch" enthalten unter Ausbildung von Wasserstoffbrücken zwischen dem Wasser und dem Makromolekül. Hydrophile Kolloide sind von einer Wasserhülle umgeben, in der alle Übergänge von fest gebundenem Wasser bis zu völlig freiem Wasser vorhanden sind. Gelöste Stoffe können nur bis zu einer bestimmten Tiefe in diesen Raum eindringen. Das Raumgebiet, in dem das Makromolekül die Wasserteilchen beherrscht, wird als *„effektives hydrodynamisches Volumen"* bezeichnet. Für die meisten Proteine beträgt es 5−10 ml/g Protein, für Myosin 50 ml und für Hyaluronat 100−400 ml. Das gebundene Wasser steht in einem Austausch mit freiem Wasser. Das gebundene Wasser hat aber eine längere Verweildauer im Organismus als das freie. t/2 des Wassers beträgt für den erwachsenen Menschen rund 10 Tage.
2. Als *Lösungsmittel,* wodurch die Stoffwechselreaktionen und der Transport von Substanzen im Organismus ermöglicht werden. Im Wassermolekül sind die Wasserstoffatome infolge der ungleichmäßigen Verteilung ihrer Elektronen asymmetrisch angeordnet, so daß das Wassermolekül den Charakter eines Dipol erhält. Die wasserlöslichen Substanzen treten durch Ausbildung von Wasserstoffbrücken zu den Dipolmolekülen des Wassers oder durch Vorhandensein geladener Gruppen und Ausbildung einer Wasserhülle in Wechselwirkung mit dem Wasser.
3. Als *Reaktionspartner* mit zahlreichen Reaktionen des intermediären Stoffwechsels, z.B. als Cosubstrat bei der Tätigkeit von Hydrolasen und Hydratasen oder durch die Wasserbildung bei der Oxydation von Substraten in der Atmungskette.
4. Als *Mittel der Regulation des Wärmehaushaltes.* Infolge der Assoziation der Wassermoleküle ist die Verdampfungswärme des Wassers groß. Sie beträgt je g Wasser bei 100 $^{\circ}$C 539 cal und bei 37 $^{\circ}$C 580 cal. Infolgedessen ist ein großer Teil der Wärmeabgabe des Organismus durch die Wasserverdampfung an der Oberfläche *(Perspiratio insensibilis)* bedingt. Beim ruhenden Menschen sind es etwa 25% des Grundumsatzes.

Tab. 1   Der Wassergehalt des Menschen. (Nach *Shol* 31).

Organ	Gewicht g	Gewicht % des Körpergewichts	Wasser g	Wasser, % des gesamten Körperwassers:
Muskel	29 112	41,6	22 022	54,8
Skelett	11 080	16,0	5 100	12,5
Fettgewebe	12 570	18,0	3 760	9,3
Haut	4 850	7,0	3 493	8,7
Blut	3 418	5,0	2 836	7,0
Leber	1 576	2,3	1 076	2,6
Gehirn + Rückenmark	1 403	2,0	1 050	2,6
Magen-Darm-Trakt	1 266	1,8	943	2,3
Lungen	475	0,6	375	0,9
Herz	332	0,5	263	0,6
Nieren	259	0,3	214	0,5
Nerven	290	0,4	169	0,4
Milz	131	0,2	99	0,2
Summe	66 762	95,7	41 400	102,4

Zweckmäßigerweise unterscheidet man zwischen verschiedenen Wasserräumen des Organismus, die jedoch funktionell in enger Beziehung zueinander stehen.

Tab. 2   Verteilung des Wassers auf die einzelnen Räume (Kompartimente)

Kompartiment	% des Körpergewichtes	kg Wasser bei einem Körpergewicht von 70 kg
Intracellulärer Raum	50	35,0
Extracellulärer Raum		
als Blutflüssigkeit	5	3,5
als interstitielle Flüssigkeit	15	10,5
Summe:	70	49,0

Die Bestimmung der Größe dieser Räume erfolgt durch Messung des Verdünnungsgrades von bekannten Mengen geeigneter Substanzen, die i.v. injiziert wurden. Zur Bestimmung des Gesamtkörperwassers verwendet man Substanzen, die sich in demselben gleichmäßig verteilen wie z.B. D_2O, HTO, $H_2{}^{18}O$ oder Antipyrin. Die Größe des Extracellulärraums mißt man durch Injektion von Substanzen, die nicht in die Zellen eindringen wie z.B. Inulin, Sulfat-^{35}S oder Thiosulfat. Das Plasmavolumen wird durch Substanzen bestimmt, die sich nur intravasal verteilen wie z.B. Evans blue (T 1824) oder ^{131}J-Albumin.

Die interstitielle Flüssigkeit ist funktionell kein einheitlicher Raum. Man muß hier vielmehr zwischen 3 extracellulären Phasen unterscheiden (*Mertz* 18):

1. Die *leicht diffusible interstitielle Flüssigkeit*. Sie ist dem Plasmavolumen funktionell zugeordnet und ist der physiologisch aktive Anteil der interstitiellen Flüssigkeit. Man kann sie als ein von Bindegewebe durchsetztes Plasma-Ultrafiltrat ansehen. Die leicht diffusible interstitielle Flüssigkeit und die intravasale Flüssigkeit machen etwa 90% des „physiologisch aktiven" Volumens des Extracellulärraums aus.

2. Die *schwer diffusible interstitielle Flüssigkeit,* deren Diffusibilität mindestens um eine Zehnerpotenz kleiner ist als die der leicht diffusiblen. Sie befindet sich im dichten Bindegewebe von Haut, Muskel, Knochen und Knorpel.

3. Die *transcelluläre Flüssigkeit,* als welche man Liquor cerebrospinalis, Gelenkflüssigkeit, Flüssigkeit in den Augenkammern und Flüssigkeit der Sekrete des Magen-Darm-Traktes zusammenfassen kann. Diese Flüssigkeiten entstehen durch aktive celluläre Transportvorgänge und stehen mit den anderen Wasserräumen in einem Austauschgleichgewicht. Sie sind ein mitbestimmendes Moment für Änderungen des Volumens und der Osmolarität der anderen Flüssigkeitsphasen.

Das Interstitium enthält kein freies Wasser. Die intercelluläre Grundsubstanz ist ein hydrophiles Kolloid. Die Hyaluronsäure, die in Verbindung mit Proteinen ein Gel bildet, spielt bei der Wasserbindung des Bindegewebes eine entscheidende Rolle. Schon geringe Veränderungen der H^+ und der Salzkonzentration bewirken Veränderungen des Quellungszustandes. Bei Säuerung entquillt die interfibrilläre Grundsubstanz, Alkalose bewirkt eine Wassereinlagerung.

Zwischen den Flüssigkeitsräumen findet ein ständiger *Wasseraustausch* statt. Dabei werden Wassergehalt und osmotischer Druck der einzelnen Kompartimente innerhalb enger Grenzen konstant gehalten. Die bewegenden Kräfte des Wassertransportes sind der osmotische Druck, der kolloidosmotische Druck und der hydrostatische Druck.

Der osmotische Druck der Blutflüssigkeit und der interstitiellen Flüssigkeiten ist gleich groß und beträgt 0,33–0,35 Osmol/Liter entspr. einer Gefrierpunktsdepression von −0,53–0,56 °C. In der intracellulären Flüssigkeit ist er etwas größer und zwar 1. durch den höheren Proteingehalt der Zellen und den dadurch bedingten *Gibbs-Donnan-Effekt*, 2. durch die Anreicherung von Ionen infolge Komplexierung mit geeigneten Liganden, 3. durch die Fähigkeit der Zellen, Ionen durch aktiven Transport anzureichern bzw. abzugeben. Näheres hierüber s. S. 11.

Auch Makromoleküle bewirken einen osmotischen Druck. Bei seiner Messung wird er jedoch höher gefunden, als er auf Grund der Zahl der Proteinmoleküle zu erwarten wäre. Ursache ist der kolloidosmotische (onkotische) Druck, der sich aus der Wasserbindungsfähigkeit der Makromoleküle ergibt. Der onkotische Druck des Plasma bei 38 °C beträgt in der Norm rund 400 mm Wasser (30 Torr). Das Plasmaalbumin trägt 85% des gesamten onkotischen Drucks bei. Da das Fibrinogen einen nur sehr geringen onkotischen Druck bewirkt, ist der kolloidosmotische Druck von Plasma und Serum praktisch gleich.

Zwischen dem arteriellen Teil der Kapillaren und dem interstitiellen Raum besteht infolge des Überwiegens des hydrostatischen Blutdrucks ein hydrostatisches Druckgefälle, das einen ständigen Flüssigkeitsstrom aus den Kapillaren in den interstitiellen Raum bewirkt. Da die Plasmaproteine die Kapillarwand nicht zu durchdringen vermögen, nimmt der onkotische Druck des Blutes dabei zu, während der hydrostatische Blutdruck abfällt. Im venösen Teil der Kapillaren wird der hydrostatische Druck kleiner als der onkotische, wodurch umgekehrt Flüssigkeit aus dem interstitiellen Raum in die Kapillaren einströmt (siehe Abb. 1). Dieser Flüssigkeitsaustausch ist für die Versorgung der Gewebe mit Substraten und den Abtransport von Metaboliten von großer Bedeutung.

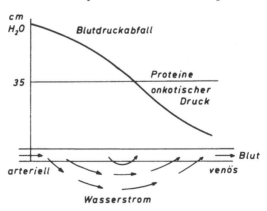

Abb. 1: Der extrakapilläre Wasseraustausch (*Netter* 22).

4

Neben diesem Wasseraustausch zwischen den einzelnen Kompartimenten gibt es noch andere Wasserbewegungen im Organismus wie z.B. durch den Blutkreislauf, den Lymphstrom und den „Intestinalkreislauf". Mit den Verdauungssekreten werden große Wassermengen in den Intestinaltrakt abgegeben (Tab. 7), die in der Norm wieder zurück resorbiert werden. Bei Störungen der Rückresorption (Erbrechen, Durchfälle) kann der Organismus große Wassermengen verlieren, so daß u.U. eine lebensbedrohende Wasserverarmung (Exsiccose) entsteht. Ein weiterer Wasserkreislauf ist der gewaltige Flüssigkeitsstrom, der durch die Nierenglomerula filtriert (im Tag etwa 180 Liter) und ebenfalls bis auf 1–2 Liter wieder rückresorbiert wird.

Der gesunde Erwachsene hat normalerweise eine ausgeglichene Wasserbilanz. Die Wassereinnahmen setzen sich aus den 3 Posten zusammen: Wasser aus *Getränken* oder *flüssiger Nahrung*, Wasser mit der „*festen*" *Nahrung zugeführt* (zumeist 60–70% des Nahrungsgewichtes), und dem „*Oxydationswasser*", das bei der biologischen Oxydation der Nährstoffe entsteht. Bei den Wasserausgaben sind verschiedene Organe beteiligt: Niere, Darm, Haut und Lungen. Alle aufgeführten Posten können mengenmäßig erheblich schwanken. Ihre Größenordnung unter durchschnittlichen Verhältnissen zeigt das in der Tabelle 4 wiedergegebene Zahlenbeispiel. Eine positive Wasserbilanz bewirkt eine entspr. Zunahme des Körpergewichts, eine negative eine entspr. Abnahme.

Tab. 3   Bildung von Oxydationswasser.

Nährstoff	ml Oxydationswasser je g	ml Oxydationswasser je kcal
Kohlenhydrat	0,556	0,133
Fett	1,071	0,113
Eiweiß	0,396	0,092

Der Säugling hat einen relativ größeren Wasserbedarf und Wasserumsatz als der Erwachsene wie das folgende Beispiel zeigt: Ein 6,3 kg schwerer Säugling nimmt je Tag etwa 600 ml Wasser auf und scheidet etwa dieselbe Menge aus. Der Wasserumsatz beträgt rund 1/3 der Menge seiner extracellulären Flüssigkeit oder 1/6 seines Körpergewichts. Wenn ein 70 kg schwerer Erwachsener einen Wasserumsatz von 2000 ml hat, entspricht dies 1/9 seiner extracellulären Flüssigkeit und 1/35 seines Körpergewichtes.

Tab. 4 Beispiel einer Wasserbilanz eines Mannes von 28 Jahren, 72 kg. (Nach *Marx, H.* 17)

	ml Wasser	
	1 Versuchstag	2 Versuchstage
Wassereinnahmen		
Getränke	860	1480
Speisen	980	920
Oxydationswasser	290	278
Summe:	2130	2678
Wasserausgaben		
Harn	1050	1410
Faeces	180	210
Haut und Lungen (Perspiratio insensibilis)	820	1120
Summe:	2050	2740
Bilanz in g	+ 80	− 62
Veränderungen Körpergewicht in g	+ 50	−100

Der *Wasserbedarf des Menschen* ergibt sich als Summe der für die Wärmeregulation und die Ausscheidung von osmotisch wirksamen Substanzen benötigten Wassermengen. Die Wasserabgabe durch die Haut beim Schwitzen kann bis zu 1500 ml/h erreichen. Sie ist so einreguliert, daß die Körpertemperatur praktisch konstant bleibt. Schwitzen geht daher auch weiter, selbst wenn eine bedrohliche Exsiccose sich einstellt. Dabei nimmt die Wasserabgabe durch die Niere auf ein Minimum ab, etwa 500 ml/Tag. Eine geringere Wasserausscheidung durch die Niere ist nicht möglich, da die Niere die auszuscheidenden Stoffe nicht stärker konzentrieren kann. Durch den Schweiß können auch beträchtliche Mengen an Na^+ und Cl^- verloren gehen. Bei Bergleuten und Hitzearbeitern werden in einer 8 Stunden-Schicht bis über 8 Liter Schweiß abgegeben, die einen Verlust von 400 mäq Na^+, 400 mäq Cl^- und 60 mäq K^+ ferner von 5 g N verursachen können. Der Schweiß wird nicht zur Konstanthaltung der Ionenkonzentration herangezogen. Der osmotische Druck der Extracellulärflüssigkeit oder Intracellulärflüssigkeit hat keinen Einfluß auf die Zusammensetzung des Schweißes. Die Mineralstoffabgabe mit dem Schweiß geht mit zunehmender Anpassung des Menschen an die Hitzearbeit zurück. Die Haut gibt auch dann Wasser ab, wenn kein Schweiß produziert wird. Diese Wasserabgabe geht mit der Wärmeproduktion parallel. Je 100 kcal, die im Stoffwechsel entstehen, werden etwa 42 g Wasser abgegeben. Die Wasserabgabe durch die Lungen hängt, außer von der Ventilationsgröße, von der Temperatur und dem Wasserdampfdruck der Luft ab. Bei den unserem Klima entsprechenden mittleren Bedingungen und körperlicher Ruhe beträgt sie etwa 200–300 g im Tag.

Die *Konzentrierungsfähigkeit der Niere* ist beschränkt. Beim Menschen beträgt sie rund 1400 Milliosmole je Liter Harn. Bei der üblichen Ernährung müssen im Tag etwa 1000—1200 Milliosmole beseitigt werden. Durch Verabreichung einer äußerst salzarmen und proteinarmen Diät läßt sich die Ausscheidung auf rund 200 Milliosmole herabdrücken. Bei völliger Nahrungskarenz beträgt die Ausscheidung etwa 800 Milliosmole. Die begrenzte Konzentrierungsfähigkeit der Niere bedingt es, daß der Wasserbedarf nicht mit Flüssigkeiten gedeckt werden kann, die eine höhere Salzkonzentration haben, als der maximalen Konzentrierungsfähigkeit der Niere entspricht. Dies ist z.B. beim Meerwasser der Fall. Der Mensch kann Elektrolyte im Harn auf etwa 0,37 n, Harnstoff auf 1 m konzentrieren. Meerwasser ist aber in Bezug auf Salze 0,58 n. Zur Ausscheidung der in 500 ml Meerwasser gelösten Salze benötigt daher die Niere mindestens 800 ml Wasser. Trinken von 500 ml Meerwasser verursacht also einen Wasserverlust von mindestens 300 ml.

1.1. Regulation des Wasserhaushaltes und Osmoregulation

Die Versorgung des Organismus mit Wasser steht nach derjenigen mit Sauerstoff an zweiter Stelle der elementaren Voraussetzungen des Lebens *(H. Bauer* 2). Wasser- und Elektrolytbestand des Gesunden sind daher durch gut funktionierende Regulationssysteme gesichert.

Ein akuter Wasserbedarf, sei es auf Grund einer Dehydratation der Zellen, sei es auf Grund eines extracellulären Wasserdefizits löst *Durst* aus. Beide Flüssigkeitskompartimente verfügen über eigene, voneinander unabhängige Kontrollmechanismen, die sich aber additiv verhalten. Der unmittelbare Reiz ist in dem einen Fall eine Volumenverminderung der Zellen, insbesondere von Zellen im Bereich des vorderen Diencephalon, in dem anderen Fall eine Hypovolämie, wobei sich die Receptoren in dem Niederruckteil des Kreislaufs befinden. An dem hypovolämisch ausgelösten Durst ist das Renin-Angiotensin-System beteiligt. Dadurch wird die extracelluläre Dehydratation auf 2 Wegen korrigiert, nämlich durch *Trinken von Wasser* und durch eine *Retention von Wasser und Natrium über eine Freisetzung von Aldosteron.* Die funktionelle Organisation der fördernden und hemmenden Neurone, die in das Trinken einbezogen sind, ist noch unbekannt. Sicher feststehend ist es aber, daß das durch eine celluläre oder extracelluläre Wasserverarmung induzierte Trinken von der Unversehrtheit des lateralen Hypothalamus abhängig ist. Bei dem durch das Renin-Angiotensin-System bedingten Trinken ist ein catecholaminergischer Mechanismus beteiligt. Außer bedingt durch einen akuten Wasserbedarf, erfolgen noch Wasseraufnahmen gewissermaßen vorsorglich *("sekundäres Trinken").* Sie werden hauptsächlich durch Sensationen im Bereich von Mund und Ösophagus (z.B. trockene

Schleimhäute) ausgelöst, ferner Tagesrhythmen, Mahlzeitenverteilungen, Gewohnheiten u.a.m.

Das Volumen der Extracellulärflüssigkeit wird primär durch ihren Na^+-Gehalt bestimmt. Bei der Regulation des Volumens sind beteiligt:

1. *Receptoren,* die auf Veränderungen des Volumens ansprechen. Über ihre Lokalisation und ihre Wirkungsmechanismen bestehen zur Zeit nur einander widersprechende Arbeitshypothesen.
2. *Übergeordnete zentrale Mechanismen,* welche die Sekretion von ADH (antidiuretisches Hormon, Vasopressin) und Aldosteron steuern. ADH wird in den Zellen des Nucleus supraopticus und Nucleus paraventricularis des Hypothalamus gebildet und durch das Axoplasma des Tractus supraopticohypophyseus zum Hypophysenhinterlappen transportiert. Hydratation hemmt die ADH-Aktivität, Dehydratation regt sie an.
3. *Periphere renale Mechanismen.* ADH hat direkte Zellwirkungen. Mittler ist das cyclische 3',5'-AMP.
   a. ADH erhöht die Permeabilität der distalen Tubuli contorti und der Sammelrohre für Wasser.
   b. ADH stimuliert die Rückresorption von Na^+ aus den *Henleschen* Schleifen.
   c. ADH reguliert die Durchblutung von Nierenmark und Nierenpapillen.
   d. ADH hat eine direkte Wirkung auf die Nebenniere und veranlaßt die Abgabe von Aldosteron. Die Abgabe von Aldosteron wird noch durch weitere Mechanismen, an denen der Hypothalamus beteiligt ist, gefördert: eine vermehrte Sekretion von ACTH und eine Aktivierung des Renin-Angiotensin-Systems.
   Beim Fehlen von ADH gelangt ein großes hypotonisches Harnvolumen in die distalen Nephren, das durch Resorption gelöster Stoffe noch weiter verdünnt wird. Die Folge ist eine Ausscheidung eines großen Volumens verdünnten Harns („*Wasserdiurese*").
   Durch eine Dehydratation wird die ADH-Sekretion angeregt. Die Folge ist eine Ausscheidung eines kleinen Harnvolumens mit einer hohen Konzentration an gelösten Stoffen.

Die Osmolarität der extracellulären Flüssigkeit wird auf 283 ± 11 mosm./l konstant gehalten. Sie wird in erster Linie durch den Wassergehalt bestimmt. Bei ihrer Regulation sind beteiligt:

1. *Osmorezeptoren,* die im Versorgungsgebiet der A. carotis interna gelegen sind.
2. Die Osmorezeptoren setzen einen *übergeordneten neurosekretorischen Mechanismus* in Gang, durch den ADH in solchen Mengen in Freiheit gesetzt wird, daß die nötige Menge an Wasser konserviert wird.

3. Der schon geschilderte *renale Effektorenmechanismus*, dessen Aktivität in erster Linie von dem ADH bestimmt wird und über die Ausscheidung von freiem Wasser wirksam ist.

Die Konstanthaltung der Osmolarität erfolgt letztlich durch 2 Mechanismen, einen rasch ablaufenden und einen zweiten, langsamer in Gang kommenden, der oben geschildert wurde und durch den die Überschüsse an Wasser und Ionen eliminiert werden. Der erste, rasch ablaufende kann etwa mit der Wirkung von Puffern bei der Aufrechterhaltung des Säure-Basen-Gleichgewichts verglichen werden. Er besteht in Wasserverschiebungen zwischen dem extracellulären und intracellulären Raum. Die Wirksamkeit dieser Verschiebungen zeigt das folgende Beispiel. Bei einem Menschen von 70 kg Gewicht beträgt der extracelluläre Raum 14 Liter mit 14 x 283 = 4592 mosm. Die intracelluläre Flüssigkeit beträgt 35 Liter entsprechend 9905 mosm. Nehmen wir an, daß in die extracelluläre Flüssigkeit plötzlich 16 g NaCl entspr. 500 mosm eindringen, so würde dies eine Erhöhung der Osmolarität desselben von 293 auf 329 mosm/l bedingen. Durch Abschieben von Wasser aus den Zellen in den extracellulären Raum wird zunächst ein extracelluläres-intracelluläres Gleichgewicht des osmotischen Drucks von 294 mosm/l innerhalb kürzester Frist hergestellt. Hierzu ist die Abgabe von rund 1 Liter Wasser aus den Zellen in den Extracellulärraum notwendig. Durch diesen Prozeß wird die ursprüngliche Störung der Osmolarität zu über 80% ausgeglichen.

2. Elektrolyte

2.1. Elektrolythaushalt

Körperflüssigkeiten und Zellen weisen einen charakteristischen und konstanten Gehalt an *Elektrolyten* auf. Das Ionenverteilungsmuster des Plasma und der interstitiellen Flüssigkeit ist sehr ähnlich. Beide Flüssigkeiten weisen auch praktisch dieselbe Osmolarität auf (Plasma 0,35 mosmol, interstitielle Flüssigkeit 0,32). Die Zusammensetzung der interstitiellen Flüssigkeit entspricht etwa einem Ultrafiltrat des Plasma.

Tab. 5   Verteilung der Elektrolyte im Plasma, interstitieller Flüssigkeit und intracellulärer Flüssigkeit. Angaben in mval/l.

	Plasma	Interstitielle Flüssigkeit	Intracelluläre Flüssigkeit
Kationen			
Natrium	142	145	10
Kalium	4	4	160
Magnesium	2	2	26
Calcium	5	5	2
Summe der Kationen	153	156	198
Anionen			
Chlorid	101	114	3
Hydrogencarbonat	27	31	10
Phosphat	2	2	100
Sulfat	1	1	20
organ. Säuren	6	7	0
Proteinat	16	1	65
Summe der Anionen	153	156	198

Der *Elektrolytgehalt der intracellulären Flüssigkeit* ist völlig abweichend von der Elektrolytverteilung *in* den extracellulären Flüssigkeiten. Bei den Kationen ist am auffallendsten, daß in der Zelle das Natrium nahezu vollständig durch das Kalium ersetzt wird, da die Zelle aktiv Kalium anreichert und Natrium austreibt. Auch Magnesium wird von der Zelle angereichert. Grundlegende Unterschiede finden sich auch im Bereich der Anionen, die intracellulär zu über 80% aus Proteinat und Phosphat bestehen gegenüber dem in der extracellulären Flüssigkeit dominierenden Chlorid.

Die ungleiche Elektrolytverteilung in der extracellulären und intracellulären Flüssigkeit hat verschiedene Ursachen:

1. Die Fähigkeit der Zellen zum aktiven Transport in die Zelle und aus der Zelle. K^+ und Mg^{2+} werden von der Zelle für die Aktivierung zahlreicher Enzymsysteme, insbesondere des *Kohlenhydratstoffwechsels* und der *biologischen Oxydation* benötigt. Der aktive Transport von Ionen erfolgt durch „*Ionenpumpen*". Einen aktiven Transport beobachtet man nicht nur an Zellmembranen d.h. zwischen dem Extracellulärraum und dem Intracellulärraum sondern auch an anderen Membranen z.b. den Membranen der Mitochondrien. Auch organische Substanzen können in die Zellen bzw. Organellen aktiv transportiert werden wie z.B. Glucose und Aminosäuren. Der aktive Transport ist die Voraussetzung für viele Zellfunktionen (z.B. Brregbarkeit von Nerven und Muskeln) sowie den Energiestoffwechsel der Zellen. Der aktive Transport benötigt das Aufbringen von Energie, da er gegen ein Konzentrationsgefälle arbeitet.

Der Mechanismus der Ionenpumpen ist noch weitgehend unbekannt. Bei der Na-Pumpe ist eine ouabainempfindliche Na-K-abhängige ATP-ase beteiligt. Ein hypothetisches Modell einer solchen Na-Pumpe ist in der Abb. 2 wiedergegeben. Die Pumpe erzeugt eine Potentialdifferenz an der Membran. In diesem Modell diffundiert ein Carriermolekül X mit Phosphat-P und zwei K^+ als Komplex $X-PK_2$ von außen nach innen und gibt an der Innenseite der Membran anorg. P (P_i) ab. Das dephosphorylierte Molekül X hat eine hohe Affinität zu Na^+ und tauscht daher das gebundene K gegen intracelluläres Na aus. Das gebundene Na katalysiert eine Phosphorylierung. Durch die Spaltung von ATP durch eine Na-K-empfindliche ATP-ase entsteht der Komplex $X-PNa_3$. Das phosphorylierte Carriermolekül hat wieder eine hohe Affinität zu K^+. Sobald der Komplex $X-PNa_3$ nach außen gelangt ist, wird das gebundene Na gegen extracelluläres K^+ ausgetauscht. Auf die geschilderte Weise entsteht ein Reaktionscyclus. Die elektrogenen Eigenschaften dieser Na-Pumpe sind in dem Modell dadurch berücksichtigt, daß 3 Na^+ nach außen, aber nur 2 K^+ nach innen transportiert werden. Dadurch wird die Außenseite positiv, die Innenseite negativ aufgeladen.

2. Durch den *Donnan-Effekt.* Durch das negativ geladene impermeable Proteinat werden diffusible Anionen aus der Zelle in den Extracellulärraum abgeschoben. Außerdem kann kein osmotisches Gleichgewicht zwischen innen und außen bestehen. Die Summe aller diffusiblen Ionen ist innen größer als außen, wodurch intracellulär ein höherer Druck entsteht, zu dem sich noch durch den hohen Proteingehalt bedingt ein kolloidosmotischer Druck addiert. Auf den Zellmembranen lastet daher ein nicht unbeträchtlicher Druck. Durch den *Donnan*-Effekt wird auch eine p_H-Differenz innen-außen bewirkt in dem Sinne, daß der p_H-Wert intracellulär niedriger ist als extracellulär.

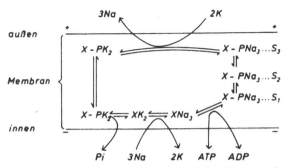

Abb. 2: Modell einer Na-Pumpe mit abwechselnder Phosphorylierung und Dephosphorylierung eines in der Membran kreisenden Carrier-Moleküls. *(Baker, P. F. 1)*.

3. Eine *Anreicherung von Mineralstoffen* kann auch durch Bindung von Ionen durch Komplexbildung mit geeigneten Liganden erfolgen. Ein bekanntes Beispiel ist die Anreicherung von Ca^{2+} im nichtverknöcherten Knorpel, dessen Ca-Gehalt rund 20 mal größer ist als im Plasma. Ursache ist der hohe Gehalt des Knorpels an Chondroitinsulfat, das Ca komplex bindet.

Über den Ionengehalt bilanzmäßig wichtiger Sekrete orientiert die Tab. 6. Die Abgabe von Wasser und Mineralstoffen durch die Verdauungssekrete kann beträchtlich sein, wenn die Rückresorption aus pathologischen Gründen bei schweren Durchfällen gestört ist. Auf diese Weise können lebensgefährdende Mangelzustände an Wasser, Natrium und Kalium entstehen. Daten über die Abgabe von Wasser und Mineralstoffen durch die Verdauungssekrete findet man in der Tabelle 7.

Tab. 6 Gehalt bilanzmäßig wichtiger Sekrete an Na^+, K^+ und Cl^-. Die Tabelle enthält Mittelwerte, welche einen ungefähren Überblick gestatten. Die Schwankungsbreite der Werte ist groß.

Sekret	Na^+ mval/l	K^+ mval/l	Cl^- mval/l
Transsudate	144	5	112
Schweiß	58	10	45
Speichel	33	20	34
Magensaft	59	9	89
Galle	145	5	100
Pankreassaft	141	5	77
Dünndarmsaft	105	5	100
Ilealsekret	117	5	106

Tab. 7   Abgabe von Wasser und Mineralstoffen mit den Verdauungssekreten
         beim Menschen.
         Die Schwankungsbreite der angegebenen Mittelwerte ist beträchtlich.

Sekret	Wasser ml/Tag	Mineralstoffe Millimole/Tag			
		Na^+	K^+	Ca^{2+}	Cl^-
Speichel	1 500	25	30	6	36
Magensaft	2 500	140	32	10	315
Pankreassaft	700	95	4	4	82
Galle	500	75	2	1	50
Darmsaft	3 000	360	29	12	300
Summe	8 200	695	97	31	783
Gesamtbestand in der extra-cellulären Flüssigkeit	14 000	1890	70	35	1600

Tab. 8   „Normalwerte" für den Gesamtbestand eines Menschen an Na^+,
         K^+ und Cl^-
         Mann 60 Jahre alt, 70 kg. (Nach *F. D. Moore* et al. 20).

	Absolut mval	mval/kg
Natrium		
Gesamt	4350	62,4
Austauschbar	2870	41,0
Extracellulär	2340	33,4
Kalium		
Gesamt	3600	51,5
Austauschbar	3300	47,0
Intracellulär	3230	46,0
Extracellulär	70	1,0
Chlorid		
Gesamt	2690	38,3
Austauschbar	2030	29,0

Extracelluläres und intracelluläres Na^+, K^+ und Cl^- stehen in einem
gegenseitigen Gleichgewicht und sind daher rasch austauschbar. Die
nicht austauschbare Fraktion dieser Ionen befindet sich im Skelett.
Funktionell kann man sie als eine Art Reserve betrachten, da sie bei
Natriummangel oder Acidosen mobilisiert werden.

Nach einer raschen Zufuhr von reinem Wasser verteilt sich die Flüssigkeit derart auf den extracellulären und intracellulären Raum, daß die Osmolarität beider Räume sich im gleichen Umfange ändert. Auf Grund der Größe der genannten Räume werden rund 1/3 extracellulär und 2/3 intracellulär eingelagert. Die Abnahme des osmotischen Drucks bewirkt rasch eine Hemmung der Sekretion des Adiuretin, was zu einer Wasserdiurese führt, wodurch der alte Zustand in Kürze wieder hergestellt wird. Dasselbe gilt für die Zufuhr von hypotonen NaCl-Lösungen und von isotonen Glucoselösungen. Die Infusion einer isotonen Glucoselösung vergrößert den Intracellulärraum nur kurzfristig.

Da Na^+ praktisch ganz auf den Extracellulärraum beschränkt ist und weil sich bei der Zufuhr (Infusion) einer isotonen Salzlösung die Osmolarität der Körperflüssigkeiten nicht ändert, wird allein der extracelluläre Raum und zwar sowohl das Plasmavolumen als auch der interstitielle Raum vergrößert. Das infundierte Wasser und NaCl werden relativ rasch durch die Niere wieder ausgeschieden.

Die Infusion einer hypertonen NaCl-Lösung bewirkt zunächst eine Erhöhung des osmotischen Druckes im Extracellulärraum, die von einer Wasserabgabe der Zellen in den extracellulären Raum gefolgt ist, bis der osmotische Druck in beiden Räumen gleich geworden ist.

Wie schon erwähnt, beträgt der osmotische Druck des Blutserums im Mittel 7,62 Atm. entsprechend einer Gefrierpunktserniedrigung $\triangle$ = −0,56 °C und einer Osmolarität von 290 mosmol/kg (Schwankungsbreite 281−297). Zu experimentellen Zwecken oder für Infusionen werden vielfach blutisotonische Lösungen gebraucht:

5%ige Glucoselösung	278 mosmol/l
0,85%ige NaCl-Lösung, „physiologische NaCl-Lösung"	290 mosmol/l
Tyrode-Lösung (0,86% NaCl + 0,02% KCl + 0,004 $CaCl_2$)	309 mosmol/l
1,4%ige (1/6 n) $NaHCO_3$-Lösung	334 mosmol/l
0,9%ige (1/6 n) NH_4Cl-Lösung	338 mosmol/l

2.2. Säure-Basen-Haushalt

Die Konstanthaltung des p_H der Körperflüssigkeiten ist von größter Bedeutung, da viele lebenswichtige Prozesse wie der physikalisch-chemische Zustand der Proteine und die Reaktionsfähigkeit der Enzymsysteme in hohem Maße p_H-abhängig sind.

Die Wasserstoffionenkonzentration, in deren Bereich sich die Lebensprozesse abspielen, ist nur gering. Die Angaben der p_H-Werte ist vielleicht geeignet, manche Tatsachen des Säure-Basenhaushaltes für den sich nicht speziell mit diesem Gebiet Beschäftigenden zu verschleiern. In der Tabelle 9 sind daher einige ergänzende Angaben zusammengestellt. Für

14

den Gesunden ist der pH-Bereich des Blutes auf den Bereich pH 7,36–7,44 eingestellt. Der mit dem Leben vereinbare pH-Bereich liegt zwischen pH 7,0 und 7,8 entsprechend einer H^+-Konzentration von 100–16 nanoval/l.

Tab. 9 Die Beziehungen zwischen pH und der H^+-Konzentration.

pH	H^+-Konzentration in mval/l	Bemerkungen
5,0	10 000	entspr. 10^{-5}n
6,0	1 000	
7,0	100	
7,3	50	Mit dem Leben vereinbarer
7,6	25	Bereich
7,8	16	
8,0	10	
9,0	1	entspr. 10^{-9}n

Im Stoffwechsel werden laufend H^+ erzeugt oder gebunden und aus exogenen Quellen werden laufend H^+-bildende und bindende Systeme zugeführt, welche den pH-Wert der Körperflüssigkeiten verändern könnten. Bei der Konstanthaltung der pH-Werte in den Körperflüssigkeiten sind beteiligt:

1. Die *Pufferungskapazität des Blutes und der anderen Körperflüssigkeiten* im Sinne einer Sofortmaßnahme als Schutz vor plötzlichen großen Veränderungen.
2. Die *Beseitigung der angefallenen Protonen* durch die Niere bzw. die Einsparung von Protonen durch die Niere, Abgabe von CO_2 durch die Lunge.

Unter *Pufferungskapazität* versteht man den Säure- oder Basenzusatz in mval/l, der eine pH-Änderung um 1 pH-Einheit bewirken würde. Grundsätzlich nehmen an der Pufferung der Körperflüssigkeiten alle Säure-Basenpaare teil, deren pK um nicht mehr als 2 pH-Einheiten vom pH der Körperflüssigkeiten entfernt ist, also die Proteine, das System Hydrogencarbonat (Bicarbonat) – Kohlensäure und das System primäres – sekundäres Phosphat. Letzteres System trägt jedoch im Blut wegen der nur geringen Konzentration der Komponenten nicht viel zu der Pufferungskapazität bei, dagegen viel intracellulär.

Tab. 10   **Komponenten und Kapazitäten der Puffersysteme des Blutes.**

	mval/l/pH	% der gesamten Kapazität
1. Chemische Puffer		
Plasmaproteine	5,0	
Hämoglobin	16,2	
Bicarbonat-Kohlensäure ohne Gasphase	2,6	
Phosphat	0,4	
Summe der chemischen Puffer	24,2	20
2. Bicarbonat-Kohlensäure bei konstantem PCO_2	52,6	45
3. Zuwachs durch Adaption der Ventilation	41,6	35
Gesamte Kapazität	118,4	100

Oxyhämoglobin ist eine stärkere Säure als Hämoglobin. Bei der Entstehung von Oxyhämoglobin werden daher Protonen freigesetzt und bei der Bildung von Hämoglobin werden Protonen gebunden. Dadurch wird der Transport der großen, bei der biologischen Oxydation der Nährstoffe anfallenden, Mengen an CO_2 (je Tag 13–20 Mol entspr. 572–880 g) und der dadurch bedingten 13–20 val H^+ durch die Erythrocyten praktisch ohne Säurebelastung des Organismus ermöglicht. Dabei spielen sich die folgenden Reaktionen in den Erythrocyten ab, die mit der Aufnahme von CO_2 und der Abgabe von O_2 in den Kapillaren sowie mit der Aufnahme von O_2 und der Abgabe von CO_2 in den Lungenalveolen verknüpft sind (über den dabei stattfindenden Cl^--Shift s. S. 36)

1. In den *Kapillaren*

$$CO_2 + H_2O \longrightarrow H_2CO_3 \longrightarrow HCO_3^- + H^+$$
$$HbO_2 + H^+ \longrightarrow HHb + O_2$$

2. In den *Lungenalveolen:*

$$HHb + O_2 \longrightarrow HbO_2 + H^+$$
$$H^+ + HCO_3^- \longrightarrow H_2CO_3 \longrightarrow H_2O + CO_2$$

Das System Bicarbonat-Kohlensäure besitzt mit seinem P_k-Wert von 6,1 im Plasma an und für sich nur eine geringe Pufferkapazität (Bicarbonatkonzentration im Plasma 24 mval/l, Kohlensäure-Konzentration 1,2 mval/l). Durch die Anwesenheit der Gasphase in den Lungenalveolen mit einem konstanten Druck von 40 mm Hg steigt die Kapazität des Systems jedoch um 52,6 mval/l/pH an.

Darüber hinaus vermag die Lunge bei Säurebelastung durch verstärkte Atmung den p_{CO_2} und damit die Kohlensäure-Konzentration zu senken, bei Basenbelastung durch reduzierte Atmung den p_{CO_2} zu erhöhen. Durch die Adaption der Atmung erfolgt ein weiterer, erheblicher Zuwachs der Pufferkapazität.

Das *Blut* ist zwar die am besten gepufferte Körperflüssigkeit, jedoch ist sein Anteil am Gesamtkörperwasser nur gering. Die Pufferkapazität des Gesamtkörpers, bezogen auf 1 Liter Körperwasser beträgt 21,8 mval/l/pH, wovon 2,2 mval auf das Blut, 11 mval auf die anderweitige extracelluläre Flüssigkeit entfallen und 8,6 mval werden durch die Atmungsadaption, die das gesamte System betrifft, bewirkt. Bezieht man die Pufferkapazität auf das Körpergewicht, so ergibt sich ein Wert von etwa 15 mval/kg/pH.

Die rasch auf Säure-Basen-Belastungen reagierende *Lunge* scheidet nach dem oben erwähnten Mechanismus CO_2 aus und stabilisiert den pH durch die Adaption der Atmung. Sie vermag jedoch weder Protonen auszuscheiden noch zu binden. Diese Aufgabe fällt allein der mit einer gewissen Latenzzeit reagierenden *Niere* zu. Diese kann Protonen im Austausch gegen Na^+ sezernieren, bis der Harn eine rund 1000-fach höhere H^+-Konzentration aufweist als das Plasma. Die H^+ treffen dabei im Tubulus auf sekundäres Phosphat, das in primäres umgewandelt wird, ferner auf Bicarbonat, die Kohlensäure bildet, welche spontan in $CO_2 + H_2O$ zerfällt, wonach ein Teil des CO_2 in das Blut und in die Gewebe zurückdiffundiert, und auf alle diejenigen Anionen, die bei dem bestehenden pH in der Lage sind, Protonen aufzunehmen. Nur der geringste Teil der sezernierten Protonen trägt somit zur Erhöhung der H^+-Konzentration im Harn bei. Bei maximal saurem Harn mit einem pH von etwa 4,5 werden in einer Tagesmenge von 1,5 l nur etwa 0,084 mMol als freie Protonen ausgeschieden, jedoch einige 100 mMol in gebundener Form als primäres Phosphat und organische Säuren, zusammen bestimmbar durch die Titrationsacidität des Harns. Außerdem vermag die Niere, vornehmlich aus Glutamin, Ammoniak zu bilden, das ebenfalls 1 Proton aufnimmt und als Ammoniumion zur Ausscheidung gelangt.

Durch die geschilderten Mechanismen werden im Tag in der Norm etwa 30–80 mval Protonen ausgeschieden und zwar 10–30 durch den Phosphatmechanismus (erfaßbar via Titrationsacidität) und 20–50 durch die Bildung von NH_4^+. Die Niere vermag weiterhin durch die Ausscheidung von Bicarbonat Protonen einzusparen, da hierbei eine Base mit einem anderen Kation als H^+ den Organismus verläßt. Die

Maximalausscheidung dürfte bei einem pH des Harns von 8,1 etwa 250 mval/l betragen.

Die *meisten Nahrungsstoffe* werden in ungeladener Form aufgenommen und zu ungeladenen Endprodukten (H_2O, CO_2 und Harnstoff) metabolisiert, also durch Prozesse, die den Säure-Basen-Haushalt nicht belasten, da weder H^+ erzeugt noch gebunden werden. Es gibt jedoch auch Stoffwechselreaktionen, bei denen H^+ entstehen, die also säuernd wirken. Ein Beispiel ist die Oxydation von Eiweiß, bei der der in den S-haltigen Aminosäuren Cystein und Methionin enthaltene „neutrale" S zu Sulfat oxydiert wird, wobei neben dem Sulfation 2 H^+ gebildet werden. Ein anderes Beispiel ist die Produktion von NH_4Cl. Durch die Desaminierung von Aminosäuren entsteht NH_4^+, das in der Leber durch Bildung von Harnstoff „entgiftet" wird, wobei in der Gesamtreaktion je NH_4^+ 1 H^+ gebildet wird:

$$2 \, NH_4^+ + CO_2 \longrightarrow \text{Harnstoff} + 2H^+ + 2H_2O$$

Die im Stoffwechsel anfallenden H^+ müssen vom Organismus zwecks Aufrechterhaltung des pH beseitigt werden. Zu diesen endogen entstehenden H^+ kommen noch solche aus exogenen Quellen hinzu. Denn die meisten Nahrungsmittel sind nicht neutral sondern säureüberschüssig oder basenüberschüssig.

Die acidogenen Bestandteile der Nahrung ergeben sich aus der Summe der aus dem Neutral-S bei seiner Oxydation zu Sulfat stammenden Protonen (2 je S) und der disoziablen Protonen des Phosphats, die zwischen + 1,8 bei der freien Phosphorsäure und −0,2 des sekundären Phosphats rangieren. Freie Phosphorsäure hat dem Organismus gegenüber die Funktion einer 1,8-wertigen Säure und sekundäres Phosphat die Funktion einer 0,2-wertigen Base. Demgemäß berechnen sich die acidogenen Bestandteile der Nahrung zu

acidogene Komponenten = 2 S + y P
(y = Zahl der dissoziablen Protonen je P).

Die alkalogenen Bestandteile der Nahrung sind nicht (wie oft fälschlich behauptet) die anorganischen Kationen, sondern die organischen Anionen, denn sie werden bilanzmäßig als Säuren verbrannt, wobei eine äquivalente Menge von H^+ aus dem Organismus verschwindet. Organische Anionen, die den Organismus unverbrannt passieren, haben keinen Einfluß auf den Säure-Basen-Haushalt. Die Menge der anorganischen Anionen der Nahrung läßt sich angenähert als Differenz zwischen den anorganischen Kationen (in mval) und der Summe der negativen Ladungen von Cl^- und Phosphat berechnen:

anorg. Anionen = anorg. Kationen − (Cl^- + xP)
(x = Zahl der Ladungen je Mol P)

Säureüberschüssige Lebensmittel sind Fleisch, Fische, Eier mit 7–25 mval Säureüberschuß je 100 g, ferner Getreideprodukte mit 7–17 mval Säureüberschuß je 100 g.

Basenüberschüssige Lebensmittel sind Früchte und Gemüse. Sie haben zumeist einen Basenüberschuß von 1–27 mval je 100 g.

Die bei uns übliche gemischte Kost hat zumeist einen Säureüberschuß von etwa 50 mval/Tag, was eine entspr. Ausscheidung von Protonen erforderlich macht. Bei ganz einseitiger Nahrungswahl kann die Belastung des Säure-Basen-Haushaltes etwa 150 mval/Tag nach der sauren oder alkalischen Seite erreichen.

Demgegenüber vermag die Niere durch die geschilderten Mechanismen im Tag bis zu 1000 mval Protonen auszuscheiden bzw. 300–400 mval Protonen einzusparen. Die praktisch möglichen alimentären Dauerbelastungen des Säure-Basen-Haushaltes liegen für den Gesunden völlig im Bereich der Regulationsmöglichkeiten. Im Bereiche dieser Toleranzgrenzen ist jede Ernährungsart – ob säureüberschüssig oder basenüberschüssig – physiologisch und bietet beim Gesunden keinen Vorteil vor der anderen.

Erst Belastungen, welche die Toleranzgrenzen überschreiten, bewirken *pathologische Reaktionen*. Bei einer Belastung mit 0,1 mval Säure oder Base je kcal Gesamtumsatz für die gesamte Lebensdauer ergaben sich im Tierversuch (Ratte) und zwar unabhängig von der Verstellung des Säure-Basen-Haushaltes (säureüberschüssig oder basenüberschüssig) pathologische Befunde (Wachstumsverzögerungen, Verkürzung der Lebensdauer, Stoffwechselveränderungen im Sinne einer Verschlechterung der Stoffwechselökonomie). Die stark basenüberschüssig ernährten Tiere hatten häufig Blasenentzündungen und Bildung von Harnsteinen. Bei körperlicher Arbeit konnten die Tiere ihren Sauerstoffverbrauch nicht genügend steigern. Sie mußten daher eine größere Sauerstoffschuld eingehen und brauchten eine verlängerte Erholungsphase, um diese wieder abzudecken.

Die säuernde oder alkalisierende Wirkung von Salzen oder Kostformen ergibt sich – wie schon erwähnt – nicht immer ohne weiteres aus ihrer chemischen Zusammensetzung oder der Reaktion der Asche. In vielen Fällen bestehen Unterschiede zwischen dem physikochemischen Verhalten in vitro und in vivo. Carbonate und Salze metabolisierbarer organischer Säuren (etwa Natriumcitrat) wirken in vivo alkalisierend, da sie bilanzmäßig im intermediären Stoffwechsel als Säuren verbrannt werden und das entstehende CO_2 ausgeatmet wird. Umgekehrt verursachen Ammoniumsalze anorganischer Säuren im Organismus eine Säuerung, weil das Ammonium durch Harnstoffsynthese beseitigt wird, wobei ein Proton erhalten bleibt und Alkali zu seiner Neutralisierung beansprucht. Auch bei Salzen, deren eines Ion wesentlich schlechter resorbiert wird als das andere, liegen in vivo ganz andere Verhältnisse vor als in vitro. So wirkt $CaCl_2$ säuernd, dagegen Na_2SO_4 alkalisierend.

Störungen des Säure-Basen-Haushaltes durch zu große Säure- oder Basen-Belastungen bzw. durch pathologische Prozesse, die solche Belastungen bewirken, sind die *Acidosen* und *Alkalosen*, die je nach dem Mechanismus ihrer Entstehung, als *metabolisch* oder *respiratorisch* bezeichnet werden. Sie sind kompensiert, wenn durch sekundäre ventilatorische oder renale Prozesse der Blut-pH praktisch noch aufrecht erhalten werden kann. Man bezeichnet sie als dekompensiert, wenn die kompensatorischen Mechanismen eine pH-Verschiebung nicht mehr verhindern können. Ihre Einteilung zeigt das folgende Schema:

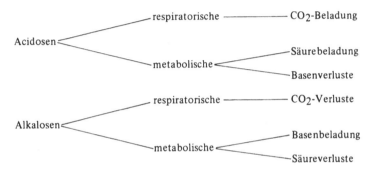

Bei der *metabolischen Acidose* findet man im Blut einen verminderten Gehalt an Bicarbonat bei unverändertem Gehalt an Kohlensäure. Ursachen können sein:

1. Vermehrte Bildung von organischen Säuren wie β-Hydroxybuttersäure und Acetessigsäure (Ketoacidose im Hunger, Stress, posttraumatische Katabolie, Diabetes mellitus)
Milchsäure (Lactatacidose nach schwerer Muskelarbeit oder schneller Infusion großer Fructosemengen).
2. Große Verluste an Na^+ und K^+ (Durchfälle, Dünndarmfisteln).
3. Unfähigkeit der *Niere* zu konzentrieren.

Experimentell kann man eine solche Acidose durch Zufuhr von flüchtigen Säuren, von NH_4Cl oder $CaCl_2$ erzeugen.

Bei der *respiratorischen Acidose* nimmt der Gehalt des Blutes an Kohlensäure zu. Ursache ist ein ungenügender Gasaustausch in der *Lunge* z.B. bei Lungenerkrankungen, zentraler Atemlähmung, herabgesetzter Empfindlichkeit des Atemzentrums, durch Vergiftungen mit Schlafmitteln und Betäubungsmitteln.

Bei der *metabolischen Alkalose* findet man eine Zunahme des Bicarbonats im Blut bei unverändertem oder nur wenig verändertem Gehalt an Kohlensäure. Die häufigste Ursache sind große Verluste an Magensalzsäure z.B. bei chronischem Erbrechen. Primär entsteht ein Defizit an Cl^-, das dann durch eine entspr. Menge HCO_3^- kompensiert wird. Bei dieser Form der metabolischen Alkalose findet man im Blut neben der Zunahme des HCO_3^- eine Abnahme des Cl^-.

Die *respiratorische Alkalose* durch Verminderung des Kohlensäuregehalts des Blutes entsteht durch Hyperventilation z.b. willkürlich oder bei erhöhtem O_2-Bedarf (Höhe, verminderte Transportkapazität des Blutes infolge einer Anämie) oder bei einer toxisch bedingten Hyperventilation (Salicylatvergiftung).

2.3. Natrium

Wie schon erwähnt, beträgt der gesamte Na^+-Bestand des Menschen im Mittel 62,4 mval/kg. Davon sind rund 40 mval/kg rasch austauschbar. 97% dieser Fraktion sind in der extracellulären Flüssigkeit gelöst, 3% befinden sich intracellulär. Rund 35 mval/kg liegen im Skelett. und zwar an die Oberfläche der Apatitkristalle adsorbiert. Dieses im Knochen befindliche Na^+ kann als Natriumreserve bei Na^+-Verarmung oder Acidosen vom Organismus verwendet werden.

Hauptaufgabe des Na^+ ist es, zusammen mit dem Cl^- den osmotischen Druck der extracellulären Flüssigkeit zu bewirken. Daneben dient es zur Aktivierung einiger Enzyme z.B. der Amylase.

Die Na^+-Aufnahme mit der Nahrung kann innerhalb weiter Grenzen schwanken. Sie liegt zumeist zwischen 75 und 300 mval/Tag. Die Resorption aus dem Verdauungstrakt erfolgt sehr rasch. Nach Gaben von 24Na^+ per os läßt sich schon nach wenigen Minuten 24Na^+ in der Blutflüssigkeit nachweisen. Bei solchen Isotopenversuchen war die Resorption schon nach 3 Stunden beendet. Die Geschwindigkeit des Na^+-Austausches zwischen dem Plasma und der „leicht diffusiblen" interstitiellen Flüssigkeit ist groß. Etwa 32% des Na^+-Bestandes werden je Minute ausgetauscht.

Die biologische Halbwertszeit von Na^+, gemessen unter Verwendung von 24Na mit dem Ganzkörperzählrohr, ergab sich beim Menschen zu 11—13 Tagen. 99,9% des Körper-Na hat diese Halbwertszeit. 0,1% haben eine Halbwertszeit von etwa einem Jahr. Bei dieser Fraktion dürfte es sich um eine kleine Menge von Na^+ handeln, die in das Kristallgitter der Apatitkristalle des Knochens eingebaut wurden.

Hauptausscheidungsweg des Na^+ ist die *Niere*. Durch den *Schweiß* werden von nicht körperlich arbeitenden Personen etwa 3—10 mval je Tag eliminiert, durch den *Darm* 0,5—12,5 mval. Der gesunde Erwachsene befindet sich in einem Na^+-Gleichgewicht, jedoch nur bei Betrachtung angemessener Zeiträume, da die Ausscheidung von Na^+ durch die Niere Rhythmen zeigt. Die Konzentrationsfähigkeit der Niere für Na^+ beträgt 300 mval/l.

Bei funktionierender Osmoregulation bewirken Abweichungen des Na^+-Bestandes entspr. Veränderungen des extracellulären Flüssigkeitsvolumens mit den zu erwartenden Veränderungen des Plasmavolumens und des Volumens der intracellulären Flüssigkeit.

Der Mindestbedarf des Erwachsenen an Na^+ ist nicht genau bekannt. Er wird zu 20 mval/Tag entspr. 460 mg Na bzw. 1,17 g NaCl geschätzt.

Die Verabreichung einer natriumarmen Diät führt erst nach längerer Zeit zu einem Natrium-Mangel, da die Ausscheidung von Natrium durch die Niere rasch auf außerordentlich geringe Werte absinkt. Dagegen ist es leicht, einen schweren Natrium-Mangel zu erzeugen, wenn eine natriumarme Ernährung mit dem Entzug von Körpernatrium kombiniert wird z.B. durch Schwitzen bei Hitzearbeit, Erzeugung einer starken Diurese durch Diuretica, Behandlung mit Kationenaustauschern, Entzug von Ascitesflüssigkeit, starkes Erbrechen, anhaltende Durchfälle u. dgl. Durch die Verdauungssekrete werden im Tag bis zu 1000 mval Na^+ (rund 1/4 des Körperbestandes!) in den Verdauungstrakt sezerniert.

Die *wichtigsten Symptome des Natrium-Mangels* sind:
1. Zentralnervensystem: Apathie, Verwirrtheit, Koma.
2. Magen-Darm-Trakt: Anorexie, fehlender Durst, Übelkeit, Erbrechen.
3. Kreislauf: Tachykardie, Hypotonie, Kollaps.
4. Niere: Oligurie, Acidose oder Alkalose.
5. Muskulatur: Ermüdbarkeit, Krämpfe.
6. Haut: Verminderte Elastizität, Dehydratation, Ischämie.
7. Blutchemie: Erniedrigte Werte für Na^+, meist verbunden mit Veränderungen von Cl^- und HCO_3^-, Zunahme Rest-N.

Ratten, deren Futter nur 0,002% Na enthielt, blieben im Wachstum zurück und blieben steril. Der Tod trat nach 4—5 Monaten ein. Die Tiere setzten in erheblichem Umfange K^+ zur Erhaltung des osmotischen Druckes und des Säure-Basen-Gleichgewichtes ein. Veränderungen im Haushalt von Ca^{2+}, Cl^- und P waren nicht nachweisbar. Die N-Bilanz wurde nach einigen Wochen negativ. In neueren Versuchen an Hunden, die im Tag 1,2 mval Na^+ erhielten, nahm der Gehalt des Plasma auch an K^+ und Cl^- ab. Das Plasmavolumen und das Volumen der interstitiellen Flüssigkeit nahmen um 10—20% ab.

Die *Folgen einer zu hohen NaCl-Zufuhr sind* verschieden, je nachdem gleichzeitig genügend oder zu wenig Wasser zur Ausscheidung des Salzes gegeben wird. Ist die Wasserzufuhr nicht ausreichend, so resultiert eine osmotische Störung mit Erhöhung der Na^+-Konzentration in den extracellulären Räumen, verbunden mit Störungen cerebraler und anderer Art. Durch die dann einsetzende osmotische Regulation entsteht eine Vermehrung der extracellulären Flüssigkeit, dann kommt eine hormonale Regulation in Gang, welche zu einer Vermehrung der Ausscheidung von Na^+ im Harn führt, vorausgesetzt, daß genügend Wasser hierfür zur Verfügung steht.

Versuche an Ratten haben eindeutig ergeben, daß eine chronische hohe Zufuhr von NaCl dosisabhängig zu einer Hypertension führt. Ob dies auch beim Menschen der Fall ist, ist Gegenstand eingehender Diskussionen. Viele klinische und epideminologische Studien weisen darauf hin, daß beim Menschen prinzipiell dasselbe der Fall ist, daß aber durch genetische Faktoren sich keine so eindeutigen Beziehungen erkennen lassen wie es im Tierversuch der Fall ist.

Die LD_{50} für NaCl per os bei der Ratte beträgt 3,75 ± 0,43 g NaCl/kg Körpergewicht. Daß die Aufnahme von 200 g Kochsalz beim Menschen akut tödlich wirken kann, ist wohlbekannt.

2.4. Kalium

Die Tab. 11 gibt eine Übersicht über den *durchschnittlichen Kaliumgehalt des Menschen* und die Verteilung des K^+ im Organismus. Der K^+-Gehalt des Menschen zeigt beträchtliche Schwankungen. Da die Muskulatur besonders kaliumreich ist, läßt sich aus dem Kaliumgehalt auf die Muskelmasse schließen. Die beste Methode den Gesamtkaliumgehalt des Menschen zu bestimmen, besteht in der Messung der γ-Strahlung mit dem Ganzkörper-Zählrohr, die durch das dem natürlichen K immer beigemengte ^{40}K bedingt ist.

Die Hauptaufgaben des K^+ sind: Bewirken des intracellulären osmotischen Drucks, Beteiligungen bei der Erregbarkeit und dem elektrophysiologischen Verhalten der Zellen, sowie der Aktivierung vieler

Tab. 11   Kaliumgehalt und Kalium-Verteilung beim Menschen.

	mval/kg	% des Gesamt-K
Gesamtbestand	51,5	100
bezogen auf die fettfreie Substanz		
'' freie Substanz	70	
Rasch austauschbar	47	91
Intracellulär	46	89
Extracellulär	1	2
Im Skelett	4,5	9

Enzymsysteme, insbesonderer der Glykolyse und der Atmungskette.

Die K^+-Aufnahme mit der Nahrung beträgt zumeist 50–150 mval im Tag. Die Resorption aus dem Darm ist etwas langsamer als die von Na^+ und Cl^-. Die biologische Halbwertszeit des K^+ beträgt beim Menschen 50–60 Tage entspr. einem täglichen Umsatz von 2–3% des K^+-Bestandes.

85–95% der K^+-Ausscheidung erfolgt durch die *Niere*. Sie ist die Resultante von 3 Vorgängen: Filtration durch das Glomerulum, Reabsorption in den proximalen Teilen der Tubuli, Sekretion durch die distalen Teile der Tubuli. Beim Gesunden beträgt die K^+-Konzentration im Harn 4–196 mval/l. Im Mittel ist sie 64 mval/l, was einer Ausscheidungsrate von 0,6–9,7 mval/% Stunde entspricht. Die Ausscheidungen von Na^+ und K^+ beeinflussen sich gegenseitig. Bei Zufuhr von viel Na^+ nimmt auch die Ausscheidung von K^+ zu. Die Niere spricht rasch auf Veränderungen der K^+-Konzentration im extracellulären Raum an, vor allem hinsichtlich der Eliminierung von K^+-Überschüssen. Daher wird auch vom Gesunden kein K^+ im Organismus retiniert. Die Niere kann das Kalium nicht vollständig zurückresorbieren. Der Organismus scheidet daher auch bei schwerer Kaliumverarmung noch beträchtliche Kaliummengen aus.

Etwa 5–10% der K^+-Ausgaben erfolgen via *Darm*, 3% durch den *Schweiß* beim körperlich nicht schwer arbeitenden Menschen. Bei Hitzearbeit kann die K^+-Abgabe durch den Schweiß bis auf 30% des K^+-Umsatzes steigen.

Der Mindestbedarf des Menschen an K^+ ist nicht bekannt. Er wird auf 20 mval/Tag entspr. 782 mg geschätzt.

Kalium-Mangelzustände können aus verschiedenen Ursachen entstehen: Zu geringe Nahrungsaufnahme insbesondere bei der Aufnahme kaliumarmer Lebensmittel (Fett, Weißbrot), Störungen des Säure-Basen-Haushaltes, K^+-Verluste durch beträchtliche Abgaben von Verdauungssekreten (Durchfälle, Erbrechen), Infusionen K^+-freier Infusionslösungen, Gaben von ACTH, Cortison, Testosteron, sowie durch Stress aller Art.

Die wichtigsten *Symptome des K^+-Mangels* sind: Anorexie, Nausea, Muskelschwäche, Lethargie, Pulsirregularitäten, Ekg-Veränderungen, Blutdrucksenkung, Auftreiben des Abdomens. Infusionen von K^+-haltigen Lösungen beseitigt die Symptome des K^+-Mangels prompt.

Hochgradig K^+-arm ernährte Ratten (0,01% K im Futter) sterben innerhalb von wenigen Wochen. Sie nehmen kaum an Gewicht zu. Die histologische Untersuchung ergibt pathologische Veränderungen in vielen Organen (Darm, Pankreas, Nieren, Herz). Die Konzentration des K^+ im Plasma nimmt ab, der K^+-Gehalt des Muskels wird vermindert. Die Biosynthese von Eiweiß ist stark herabgesetzt. Bei lang anhaltendem Kalium-Mangel geraten Ratten in eine negative Cl^--Bilanz, was eine hypochlorämische Alkalose auslöst. Bei Kaninchen verursacht ein alimentärer Kaliummangel eine schnell fortschreitende Muskeldystrophie, die von einer hochgradigen Kreatinurie begleitet wird. Der Tod pflegt nach 4–6 Wochen einzutreten. Die anatomische Untersuchung ergibt Herzmuskelnekrosen, Nierenschwellungen, Atrophie des Magen-Darm-Traktes und Gallenblasenkonkremente.

Ratten können die intracelluläre und extracelluläre K^+-Konzentration bis zu einer K^+-Zufuhr von 270 mval/kg unverändert aufrecht erhalten. Bei einer Zufuhr von 336 mval/kg sterben 50% der Tiere innerhalb von 2 Wochen. Die akute LD_{50} per os wurde bei der Ratte zu 3,3 ± 0,14 g KCl kg/KG bestimmt.

Beim Menschen wurden akute Kaliumtoxikationen in Einzelfällen schon bei der Aufnahme von 7,25 g K^+ beobachtet. Hauptsymptome sind: Parästhesien, Herzblock, tetanische Erscheinungen und Lähmungen, Serumwerte über 5,6 mval/l bedingen Ekg-Veränderungen.

2.5. Magnesium

Der *Magnesiumbestand des Menschen* beträgt etwa 21–28 g. Rund 50% des Magnesiumbestandes entfallen auf das Skelett, dessen Mg-Gehalt 0,5–0,7% des Aschegewichtes beträgt.

Tab. 12   Konzentration des Magnesium in menschlichen Geweben.

	mval/kg
Gesamt-Magnesium	20
Austauschbar	2,6 – 5,3
In Leber und Muskel	20
Im Gehirn	17
In den Erythrocyten	6
Im Plasma	1,8 – 2,1
Im Liquor	2,4 – 3,0
In der interstitiellen Flüssigkeit	2
In der intracellulären Flüssigkeit	26

Von dem im Plasma befindlichen Magnesium liegen 55% als freie Mg^{2+}-Ionen vor, 32% sind an Proteine gebunden, 3% liegen als Komplex mit Phosphat vor, 4% als Komplex mit Citrat und 6% in Form nicht identifizierter Komplexe. Die Hauptmenge des nicht im Skelett befindlichen Magnesiums ist intracellulär gelegen.

Die Hauptaufgabe des Magnesiums im Organismus ist die *Aktivierung nahezu aller Enzyme*, die beim Umsatz von ATP bzw. der anderen energiereichen Phosphate UTP, GTP, ITP beteiligt sind. Magnesium ist daher auch ein wesentlicher Faktor bei der Muskelkontraktion und bei der Übertragung der Erregung vom Nerven auf den Muskel.

Die wünschenswerte Höhe der Magnesium-Zufuhr beträgt für Männer 350 mg/Tag, für Frauen 300 mg/Tag (21). Unterhalb einer Zufuhr von 0,25 mval/kg (3 mg/kg) läßt sich keine ausgeglichene Mg-Bilanz erreichen.

Leicht lösliche Mg-Salze werden gut resorbiert. Der Umfang der Resorption ist von der angebotenen Menge abhängig, jedoch ohne strenge Korrelation. Der zeitliche Verlauf der Resorption ist von der Dosis unabhängig. Unter Verwendung von ^{28}Mg wurde beim Menschen t/2 der Resorption zu rund 4 1/2 Stunden bestimmt. Vermutlich erfolgt die Resorption gleichmäßig entlang der gesamten Dünndarmstrecke. Über den Mechanismus des Transportes des Mg durch die Darmschleimhaut ist nichts Sicheres bekannt. Nach älteren Autoren besteht kein Unterschied hinsichtlich der Resorption von Magnesium bei Ratten aus dem Carbonat, Phosphat oder Phytat. Bei sehr großen Phytinsäure-Gaben wurde jedoch die Resorption, allerdings nur geringfügig, verschlechtert. Magnesium hat keinen Einfluß auf die Resorption von Phosphat. Untersuchungen über den Einfluß von Magnesium auf die Resorption des Calcium haben zu widersprechenden Befunden geführt. Die Ursachen der Diskrepanzen sind noch ungeklärt. *Vitamin D* verbessert die Resorption von Magnesium, steigert aber zugleich seine Ausscheidung, so daß die Magnesiumbilanz verschlechtert wird.

Eine noch nicht bekannte energiereiche Verbindung ist beim Transport von divalenten Kationen, darunter auch Mg^{2+} in die Mitochondrien beteiligt. Je energiereiche Verbindung werden dabei 2 Ionen transportiert. Das für den energieabhängigen Transport der divalenten Kationen durch die sonst nicht durchlässige Innenmembran der Mitochondrien benötigte System wurde auch als „Translocase" bezeichnet. Man nimmt an, daß die Translocase unter dem Einfluß einer energiereichen Verbindung eine, vielleicht mit dem Actomyosinsystem vergleichbare, Konformationsveränderung erleidet, die den Transport der zweiwertigen Kationen ermöglicht. Bei dem Transport in die Mitochondrien wurden Antagonismen zwischen Mg^{2+} und Ca^{2+} beobachtet. Ca^{2+} wirken die Schwellung der Mitochondrien begünstigend, Mg^{2+} eine Schwellung verhütend. In Hefen wurde ein spezifischer Carrier für Mg^{2+} nachgewiesen.

Bei der üblichen Magnesiumaufnahme werden rund 1/3 der Dosis im *Harn* (70–140 mg/Tag) und 2/3 via *Darm* (140–280 mg) ausgeschieden. Die Magnesiumabgaben durch den *Schweiß* sind zumeist gering, die gemessenen Werte liegen zwischen 0,03 und 4 mval/Tag.

Nach einer i.v. Infusion von 12–30 mval ^{28}Mg wurden innerhalb von 24 Stunden nur 12–31% der Dosis beim Menschen ausgeschieden. Der Verteilungsraum war größer als der extracelluläre Raum. t/2 von injiziertem ^{28}Mg wurde beim Hund zu 11 Tagen bestimmt.

Im Stoffwechsel bestehen Beziehungen zwischen Magnesium, Calcium und Phosphat. Eine Zunahme der Zufuhr von Mg auf 1 g/Tag bewirkt eine sofortige Zunahme der Resorption von Calcium und Magnesium, verbunden mit einer Abnahme der von Phosphat. Die Blutspiegel von Ca und Mg werden etwas erhöht, jedoch nicht in dem Umfange, in dem die Mg-Aufnahme zugenommen hatte, so daß eine gewisse Retention im Organismus erfolgt, die jedoch für Ca größer als für Mg ist. Die Ausscheidung von Ca und Mg durch den Darm wird vermindert. Die geschilderten Befunde wurden durch eine vermehrte Aktivität der Parathyreoidea und eine verminderte Abgabe von Calcitonin erklärt.

Die zentrale Stellung des Magnesiums im Zellstoffwechsel bedingt es, daß ein *schwerer Magnesium-Mangel* rasch zu dramatischen und lebensbedrohenden Ausfallserscheinungen führt.

Bei der *Ratte* werden als Folge des Magnesiummangels beobachtet: Wachstumsverzögerungen bzw. Gewichtsstürze, Vasodilatation, Übererregbarkeit, Kachexie, klonisch-tonische Krämpfe, in denen die Tiere eingehen. Weitere Mangelsymptome sind Aminoacidurie, Hyperämie und Hämorrhagien der Haut, Haarausfälle und Funktionsstörungen der Niere. Histologisch lassen sich Veränderungen an den *Purkinje*-Zellen des Kleinhirns nachweisen, ferner nephrotische Veränderungen der Niere und Anomalien bei der Verkalkung der Schneidezähne.

Bei *Hunden* werden ähnliche Symptome beobachtet: Hypothermie, Vasodilatation, Übererregbarkeit und Krämpfe. Der Mg-Gehalt des Plasma nimmt von normal rund 2,5 mg% auf 0,5–0,9 mg% ab.

Bei *Kaninchen* findet man ebenfalls als Folge des Magnesiumsmangels ähnliche Symptome. Übererregbarkeit und Krämpfe sind die führenden Symptome, es fehlt jedoch die Vasodilatation.

Bei *Küken* bewirkt ein Magnesium-Mangel Wachstumsverzögerungen, herabgesetzten Muskeltonus, Ataxie, Krämpfe und Verminderung der Zahl der *Purkinje*-Zellen im Kleinhirn.

Von praktischer Bedeutung ist das Vorkommen von Magnesium-Mangelzuständen bei *Rindern* („Gras-Tetanie"). Die führenden Symptome sind Übererregbarkeit und tetanische Krämpfe. Die Gras-Tetanie tritt nur im Frühjahr auf. Das zu dieser Jahreszeit rasch wachsende Gras. kann bei zu starker Düngung mit anorg. N $[(NH_4)_2SO_4]$ einen ungewöhnlich hohen Proteingehalt bei einem häufig erniedrigten Mg-Gehalt haben. Ein Magnesium-Mangel kann auch durch Aufzucht der Tiere mit zuviel Milch entstehen (9–23, Mittel 13 mg% Mg). Auch hier sind die führenden Symptome Übererregbarkeit und tetanische Krämpfe. Letztere treten auf, wenn der Blut-Magnesiumspiegel etwa auf 1/3 seines Normalwertes abgefallen ist. Dabei ändern sich die Blutwerte für Calcium und Phosphat nicht. Der Gehalt des Knochens an Magnesium nimmt stark ab.

Beim *Magnesium-Mangel des Menschen* wurden die folgenden Symptome beschrieben: Abnahme des Magnesiumspiegels des Blutes, Muskel-Tremor, choreiforme Bewegungen, mitunter Krämpfe und Delirien. Magnesium-Mangelzustände werden gefunden bei Niereninsuffiziens, schweren Hungerzuständen, chronischem schweren Alkoholismus, im diabetischen Koma und vor allem bei großen Infusionen von magnesiumfreien Infusionslösungen nach erheblichen Blutverlusten. Die Magnesiummangel-Tetanie des Menschen unterscheidet sich nicht von der hypocalcämischen. Sie kann erst durch die chemische Untersuchung des Blutes festgestellt werden. Magnesium-Mangelzustände wurden bei Kindern mit Eiweiß-Calorien-Mangelernährung beschrieben.

Magnesium ist wenig toxisch und rein alimentär bedingte Schäden durch vergrößerte Magnesium-Zufuhren, wie sie bei ganz einseitiger Nahrungswahl vorkommen können, wurden nie beobachtet. Eine Hypermagnesiämie kann spontan bei schweren Nierenschäden auftreten, wenn die glomeruläre Filtrationsrate auf unter 30 ml/min fällt. Toxische Symptome wurden bei einem Ansteigen des Plasmaspiegels auf über 4 mval/l beobachtet: Depression der neuromuskulären Übertragung, Muskelschwäche, abgeschwächte Reflexe, Ataxie, Hypotonie, Ekg-Veränderungen, Lethargie und Coma, herabgesetzte Atmung, evtl. Atemstillstand, Vasodilatation bedingt durch Blockade sympathischer Ganglien, verbunden mit Hitzegefühl. Bei einem Blutmagnesiumspiegel von über 5 mval/l treten Übelkeit und Erbrechen auf, häufig eine leichte Narkose. 10 mval/l bedingen eine reflexlose, tiefe Narkose, über 30 mval/l führen, meist infolge Lähmung des Atemzentrums, zum Tode.

$MgSO_4$ wird mitunter als Abführmittel in Dosen von 20—30 g verwendet.

Die LD_{50} vom $MgCl_2$ i.v. für den Hund beträgt 0,23 g/kg.

2.6. Calcium

Der *Bestand des Organismus an Calcium* beträgt rund 1500 g, wovon sich über 99% im Skelett befinden. Die meisten „weichen" Gewebe enthalten nur 5—15 mg% Ca, das Plasma 10—12 mg% (4,5—5,5 mval/l). Im Plasma liegt das Calcium in 3 Formen vor:

1. Als ionisiertes Ca^{2+}, Konzentration 5—7 mg%.
2. Als komplexgebundenes Calcium, hauptsächlich als Citratkomplex. Konzentration 0,1—1,2 mg%.
3. Als eiweißgebundenes Calcium (Proteinat-Ca), Konzentration 3,5—4,0 mg%.

Verschiedene homöostatische Mechanismen halten den Spiegel des ionisierten Ca^{2+} im Plasma konstant. Hierbei sind in erster Linie das

Parathormon und das Calcitonin beteiligt. Das Parathormon hat verschiedene Angriffspunkte und zwar *1.* die *Niere* und zwar im Sinne einer Stimulierung der Phosphat-Ausscheidung, *2.* das *Skelett*, wo das Parathormon entmineralisierend wirkt, was eine Hypercalcämie und eine vermehrte Calciumausscheidung im *Harn* zur Folge hat. Trotz der gleichzeitig mit dem Ca^{2+} in Freiheit gesetzten Phosphatmengen entsteht eine Hypophosphatämie infolge der erwähnten Stimulierung der Phosphat-Ausscheidung im Harn. – Calcitonin erniedrigt die Konzentration von Ca^{2+} und Phosphat im Plasma, jedoch ohne den Phosphatgehalt der weichen Gewebe zu verändern. Im Knochen bewirkt Calcitonin eine Ca^{2+}-Retention, die in erster Linie durch eine Verringerung der Ca-Resorption aus dem Knochen bedingt ist. Der adäquate Reiz für die Abgabe von Calcitonin und Parathormon ist die Ca^{2+}-Konzentration im Plasma. Auch die Sexualhormone greifen in den Calcium-Haushalt ein. Sie wirken im Sinne einer verbesserten Calcium-Resorption aus dem Darm und einer – wenn auch nicht sehr bedeutenden – Verminderung der Calcium-Ausscheidung im Harn. Beide Effekte liegen in Richtung der Förderung der Verkalkung des Skeletts.

Ca^{2+} haben, abgesehen von ihrer Bedeutung als Bausteine des Knochens, eine Reihe von Aufgaben. Ihre Bedeutung im Rahmen der Blutgerinnung ist altbekannt. Ca^{2+} sind entscheidend wichtig für die Aktivität der Nerven und Muskeln und des Herzmuskels. Die Muskelkontraktion beruht auf einer Interaktion von Myosin, Actin und ATP, wobei Mg^{2+} und Ca^{2+} als Katalysatoren beteiligt sind. Im Muskel ist die Ca^{2+}-Konzentration die kritische Größe für die Kontraktion, weil hier die benötigte Konzentration in der Ruhe nicht vorhanden ist. Durch Freisetzung von gebundenem Calcium während der Erregung infolge einer Depolarisation wird die Ca^{2+}-Konzentration dann plötzlich stark erhöht. Die intracelluläre Ca^{2+}-Konzentration wird dadurch zum steuernden Faktor für die Muskelkontraktion. Vermutlich spielen die Ca^{2+} eine ähnliche grundlegende Rolle im Sinne einer elektrofunktionellen Koppelung bei allen Erregungs-Transformationen z.B. der synaptischen und neuromuskulären Erregungsübertragung.

Calcium spielt bei der gegenseitigen Adhäsivität von Zellen und Organellen (Mitochondrien) eine große Rolle. Bei der Isolierung von Einzelzellen muß man daher Ca^{2+} durch Zusatz von Komplexbildnern wie z.B. Äthylendiamintetraessigsäure (Komplexon, Versene) beseitigen.

Der *Calciumbedarf des Menschen* ist nicht bekannt. Durch den Umstand, daß über 99% des Calciumbestandes im Skelett liegen und daß ein gewisser Teil des Skelett-Calciums sich außerhalb des Kristallgitters der Apatitkristalle befindet und daher leicht mobilisierbar und an das Blut abgebbar ist, haben Bilanzversuche, selbst wenn sie sehr langfristig sind, keine große Aussagekraft. Die „physikalisch-chemische Calcium-Reserve" des Menschen ist so groß, daß z.B. eine um 100 mg je Tag negative Calcium-Bilanz durch Inanspruchnahme dieser Reserve 400 Tage lang verschleiert werden kann (Näheres siehe S. 35). Man muß sich daher begnügen, Angaben über die „wünschenswerte Höhe" der Calciumzufuhr zu machen.

Als wünschenswerte Höhe der Zufuhr eines Nährstoffes pflegt man diejenige Menge zu bezeichnen, bei der erfahrungsgemäß gesunde Personen frei von Ernährungsschäden bleiben. Die *wünschenswerte Höhe* (Recommanded Dietary Allowances) der *Calcium-Zufuhr* wurde von der National Academy of Sciences der USA (21) zu 0,8 g/Tag beziffert, von den Deutschen Gesellschaft für Ernährung zu mindestens 0,8 g, besser zu 1,0 g (5). Maßgeblich für diese Empfehlung waren die National Academy of Sciences die folgenden Überlegungen:

Die Ca-Ausgaben durch den *Harn* betragen im Mittel 175 mg/Tag, die endogenen Calciumausgaben durch den *Darm* 125 mg. Durch den *Schweiß* werden im Mittel 20 mg/Tag abgegeben. Die durchschnittlichen Ca-Verluste des gesunden Erwachsenen betragen demnach 320 mg/Tag. Aus dem Darm werden im Mittel 40% des Nahrungs-Calciums resorbiert. Unter Berücksichtigung der angegebenen Zahlen und unter Einkalkulierung einer Sicherheitsspanne wurde die wünschenswerte Höhe der Calcium-Zufuhr zu 0,8 g/Tag beziffert, um mit Sicherheit eine ausgeglichene Calcium-Bilanz zu ermöglichen. Wegen der erhöhten Calciumausgaben während der Gravidität und Laktation sollte die Calciumzufuhr in diesen Fällen um 0,4 bzw. 0,5 g/Tag vergrößert werden.

Der Transport von Ca^{2+} durch die Darmwand erfolgt durch ein spezifisches, Calcium bindendes Protein, das als Carrier wirkt und dessen Bildung durch Vitamin D bzw. seiner Metaboliten 25-Hydroxycalciferol und 1,25-Dihydroxycalciferol induziert wird. Im Mangel an Vitamin D erfolgt nur ein geringer, passiver Transport durch die Darmschleimhaut.

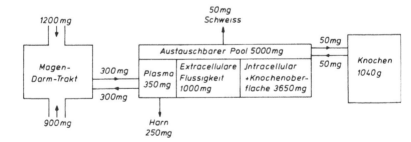

Abb. 3: Schema des Calciumstoffwechsels. (*G. W. Dolphin und I.S. Eve:* Phys. Med. Biol. 8, 193, 1963).

Die Ausnutzung *(Resorptionsquote)* des Calcium ist aus löslichen Calciumsalzen (Chlorid, Lactat, Gluconat, Acetat) praktisch gleichgroß wie aus schwerlöslichen (Carbonat, Phosphat). Sie wird durch Gegenwart von Oxalsäure und Phytinsäure (myo–Inosithexaphosphat) verschlechtert. Phytat ist in den Lebensmitteln weit verbreitet, vor allem im Getreide und zwar in dessen Kleie-Bestandteilen. Die Calcium-Resorption fördern Lactose und Aminosäuren.

Die Abb. 3 zeigt ein Schema des Calciumstoffwechsels des Menschen und die Dimension des Stoffwechsels.

Bei den vielfachen Aufgaben des Calciums ist es verständlich, daß eine ungenügende Zufuhr von schweren Folgen begleitet ist. Wachsende Tiere können nicht an Gewicht zunehmen. Sie werden auffallend träge und reagiern kaum mehr auf Reize. Häufig entwickeln sich Paralysen der Extremitäten, vor allem der Hinterextremitäten. An vielen Stellen treten Hämorrhagien auf. Schließlich sterben die Tiere an Entkräftung. Der Ca-Gehalt des Blutes fällt stark ab, jedoch ohne daß sich tetanische Symptome entwickeln. Das Skelett ist nur mangelhaft verknöchert. Bei einem etwas weniger hochgradigen Calcium-Mangel treten die Mangelsymptome u.U. erst in der folgenden Generation auf. Bei einem Futter, das 0,094% Ca enthielt, wiesen Ratten kaum pathologische Befunde auf. Dagegen zeigten sich in der zweiten Generation schwere Mangelsymptome wie Störung der Skelettverknöcherung, Unfähigkeit zur Fortpflanzung u.a.m. Der Minimalbedarf der Ratte für optimales Wachstum, längste Lebensdauer, einwandfreie Verknöcherung des Skeletts, gute Fortpflanzung und besten Gesundheitszustand wurde zu 0,34% Ca in der Futter-Trockensubstanz ermittelt.

Hauptquellen des Nahrungs-Calcium sind in der westlichen Welt Milch und Milchprodukte (rund 70% der Ca-Zufuhr). Obst und Gemüse machen etwa 17%, Mehl und Getreideerzeugnisse 6–7%, Fleisch, Fisch und Eier etwa 5% der Calcium-Zufuhr aus.

Zu hohe Calciumzufuhren können sich schädlich auswirken. Bei der Ratte werden Schäden bei Tagesaufnahmen über 150 mgCa/Tier beobachtet. Man findet dann Hypercalcämien, erhöhten Gehalt der „weichen Gewebe" an Ca, verbunden mit der Tendenz zu pathologischen Verkalkungen, insbesondere der Niere. Pathologische Verkalkungen der Niere kann man bei der Ratte durch ausschließliche Ernährung mit Milch erzeugen, die durch Zulagen von $NaHCO_3$ wesentlich verstärkt werden. Beim Menschen liegen vermutlich die Verhältnisse ähnlich. Aus der neueren Zeit liegen Veröffentlichungen über das Auftreten des „Milch-Alkali-Syndroms" vor, bei dem pathologische Verkalkungen in Lungen, Nieren und subcutanem Gewebe, meist verbunden mit einer Glomerulonephritis gefunden werden. Voraussetzung ist eine langfristige Aufnahme von viel Milch zusammen mit Alkali. Die Tagesaufnahme an Calcium hatte 4 g und mehr betragen.

90% aller Harnsteine bestehen aus Calciumsalzen. Die Ursachen der Urolithiasis können sehr verschiedener Art sein. Voraussetzung sind immer Übersättigung des Harns mit Calcium und Phosphat bzw. Oxalat, Vorhandensein einer organischen Matrix, welche die Kristallisation in Gang bringt (Mucopolysaccharide) und zu geringe Konzentration von Pyrophosphat, das als Inhibitor der Verkalkung wirkt.

Interessant und in ihren Ursachen noch ungeklärt ist die an Astronauten erhobene Feststellung, daß einige Tage anhaltende Schwerelosigkeit zu negativen Calcium-Bilanzen Anlaß gibt.

2.7. Mineralstoffwechsel des Knochens

Der *Knochen* besteht aus einer organischen Matrix, in die die Mineralsubstanz eingelagert ist.

Die organische Matrix besteht aus Kollagenfasern von Kollagenen verschiedener Reifestufen, die in ein Gel von einem Mucopolysaccharid-Protein-Komplex eingebettet sind. Die Matrix des Femur eines Erwachsenen besteht aus rund 92% Kollagen, 4% Mucopolysaccharid und 4% eines unlöslichen Proteins. Das Kollagen zeichnet sich anderen Proteinen gegenüber durch seinen Gehalt an Hydroxyprolin (12−14%) und Hydroxylysin (0,5−1%) aus. Die Bildung des Kollagen erfolgt in den Osteoblasten. Der Abbau des Kollagens erfolgt durch eine von den Osteoklasten produzierten Kollagenase, die durch das Parathormon induziert wird. t/2 des Knochenkollagens wurde zu 40 Tagen bestimmt. Zwischen Umfang des Knochenabbaus und der Ausscheidung von Hydroxyprolin im Harn besteht eine enge Korrelation.

Die Mineralsubstanz liegt in Form von ultramikroskopisch kleinen Kristallen vor, die zwischen den Kollagenfasern so angeordnet sind, daß ihre Längsachsen parallel zu der Längsachse der Fibrillen verlaufen. Der Durchmesser der Fibrillen beträgt etwa 80 mμ. Die Kristalle sind hexagonale Täfelchen. Ihr Röntgenstrahlenbeugungsdiagramm entspricht dem der Apatitmineralien. Ihre Zusammensetzung ist nicht ganz konstant. Beim Erwachsenen machen die Mineralstoffe rund 70% der Knochen-Trockensubstanz aus.

Tab. 13   Mittelwerte der Zusammensetzung der Mineralsubstanz des Knochen

Kationen	%	Anionen	%
Ca^{2+}	36,7	PO_4^{3-}	50,1
Mg^{2+}	0,6	CO_3^{2-}	7,6
Na^+	0,8	Cl^-	0,04
K^+	0,15	F^-	0,05

Für die Knochensubstanz nimmt man eine Hydroxyapatitstruktur an. Hydroxyapatit hat ein theoretisches atomares Verhältnis Ca : P = 1,66. Die gefundenen Werte schwanken jedoch zwischen 1,33 bis 2,0. Als Erklärung nimmt man an, das Ca^{2+}, PO_4^{3-}, Wasser u.s.w. an die Oberfläche der Kristalle adsorbiert und daß H^+, OH^-, F^- und CO_3^{2-} durch isomorphen Austausch in das Kristallgitter eingebaut werden.

Die Apatitkristalle des Knochens sind sehr klein und besitzen daher zusammengenommen eine große Oberfläche, die zu rund 100 m^2/g bestimmt wurde. Die Gesamtoberfläche der Kristalle wird beim Menschen auf etwa 10^6 m^2 geschätzt. Diese große Oberfläche steht in Kontakt mit der Blutflüssigkeit. Dies bedingt einen intensiven Ionenaustausch.

Im Plasma beträgt das Ionenprodukt Ca^{2+} x P 15 − 18 (Ca^{2+} 5−6 mg%, P 3 mg%). In wässriger Lösung wäre zur Ausfällung von Apatit ein Produkt Ca^{2+} x P von 25−50 notwendig. Daß trotzdem im Knochen Apatit abgelagert wird, ist dadurch bedingt, daß das Kollagen der Knochenmatrix als Nukleator wirkt, so daß Apatit schon beim Ca^{2+} x P-Produkt des Knochens bzw. Plasmas abgeschieden wird. Das als Nukleator wirkende Kollagen kommt jedoch nicht nur in der Knochenmatrix sondern auch im Bindegewebe der nicht verkalkenden Gewebe vor. Daß hier keine Verkalkung erfolgt, hängt damit zusammen, daß das anorganische Pyrophosphat, das chon in sehr kleinen Konzentrationen die Verkalkung hemmt (10^{-5} m) und das in Konzentrationen von im Mittel 8 · 10^{-5} m im Plasma bzw. den Geweben vorkommt, im Gegensatz zu den nicht verkalkenden Geweben in der Knochenmatrix durch die dort reichlich vorhandenen Phosphatasen bzw. Pyrophosphatasen gespalten und dadurch beseitigt wird. Außerdem tritt im verknöcherungsfähigen Knorpel die Mineralisation erst ein, wenn die sauren Mucopolysaccharide, welche die Verkalkung hemmen, abgebaut worden sind.

Der Knochen enthält beträchtliche Mengen Citrat und zwar 0,5− 0,7% im Feuchtgewicht entspr. 1,6−1,8%, bezogen auf die fettfreie Trockensubstanz. Citrat entionisiert Ca^{2+} unter Bildung eines leicht löslichen Komplexes und vergrößert daher die Löslichkeit von Calciumphosphat. Vermutlich ist die Bedeutung des Citrats im Knochen darin zu suchen, daß er die anorganische Knochensubstanz leichter auflösbar und dadurch mobiler macht. Das Parathormon vergrößert die Citratbildung im Knochen in vitro und steigert den Citratgehalt des Knochens in vivo. In der Norm entfallen mehr als 90% des Citratbestandes des Organismus auf das Skelett.

Der Mineralstoffwechsel des Knochens umfaßt vitale und nichtvitale Prozesse. *Vitale Prozesse* sind die Neubildung von Knochensubstanz und deren Abbau, sowie der laufend stattfindende Umbau. Apposition der Knochensubstanz und Resorption derselben stehen beim Erwachsenen in einem dynamischen Gleichgewicht. *Avitale Prozesse* sind der Ionenaustausch an der Oberfläche der Apatitkristalle und die „Rekristallisation", ein Ionenaustausch in den tieferen Schichten der Kristalle.

Die vitalen Prozesse der Knochenneubildung und des Knochenabbaus erfolgen während des ganzen Lebens, wobei sich Aufbau und Abbau die Waage halten. Beanspruchung führt zu einer vermehrten Bildung von Knochensubstanz, fehlende Beanspruchung zu deren Schwinden. Nach Knochenbrüchen erfolgt eine Steigerung der Neubildung (Kallusbildung).

Infolge der großen Oberfläche der Apatitkristalle spielen Austauschprozesse mit der Blutflüssigkeit eine große Rolle. An einem ständigen isoionischen Austausch mit der umgebenden Flüssigkeit sind etwa 20% der Ca^{2+} und Phosphat-Ionen beteiligt. Neben dem isoionischen Austausch erfolgt auch ein heteroionischer. So werden Ca^{2+} mit Mg^{2+}, Sr^{2+}, Na^+ und K^+ ausgetauscht, ferner OH^- mit HCO_3^- und F^-. Dies ist die Ursache des Umstandes, daß die Zusammensetzung der Mineralsubstanz des Knochens nicht genau der eines Hydroxylapatits entspricht. Neben diesem schnell erfolgenden oberflächlichen Austausch von Ionen findet noch ein langsam verlaufender und schlecht reversibler Austausch mit den tief im Kristallgitter liegenden Ionen, die sogenannte *„Rekristallisation"*, statt.

Beide Prozesse, der oberflächliche Ionenaustausch und die Rekristallisation bedingen keine Vermehrung der Mineralsubstanz des Knochens. Der Umfang beider Prozesse ist nicht gleichmäßig über das gesamte Skelett verteilt und ist stark altersabhängig. Er nimmt mit zunehmendem Lebensalter ab, da sich mit zunehmendem Lebensalter immer geringer werdende Anteile des Knochens, zuletzt im Wesentlichen nur die um die *Haver*schen Kanäle lokalisierten Bezirke, an den Austauschprozessen beteiligen, teils aus Gründen der Durchblutung, teils aus anderen gegenwärtig noch wenig bekannten Ursachen.

Die Apatitkristalle sind von einer dünnen Hydratationsschicht umgeben, die Ionen in einem rasch sich einstellenden Gleichgewicht mit der Blutflüssigkeit enthält. Außerdem befinden sich noch Ionen an die Oberfläche der Kristalle adsorbiert. Ein gegebenes Ion kann daher in Bezug auf den Apatitkristall in 4 verschiedenen Positionen stehen:

1. Im Inneren des Kristallgitters und damit in einer recht stabilen Position.
2. In einer oberflächlichen Position des Kristallgitters und daher Austauschprozessen leichter zugänglich.
3. An die Oberfläche des Kristalls adsorbiert und somit leicht abgebbar.
4. Gelöst in der umgebenden Flüssigkeitsschale und dadurch in einem außerordentlich rasch sich einstellenden Gleichgewicht mit der Blutflüssigkeit.

Das Skelett enthält nach dem Gesagten stoffwechselmäßig labile Calciumfraktionen, die als „physikalisch-chemische Calciumreserve" zur Aufrechterhaltung der Bluthomöostase ohne Veränderung der Knochenstruktur und daher auch röntgenologisch nicht nachweisbar bei einer unzureichenden Calciumzufuhr herangezogen werden kann. Aus Tierversuchen kann man schließen, daß die labile Calciumfraktion des Menschen etwa 40 g Ca beträgt. Vergleicht man diese disponible Ca-Menge mit den 0,25 g Ca, welche die Blutflüssigkeit enthält, so kann man ermessen, wie ergiebig der Knochen als Faktor für die Bluthomöostase des Ca ist und wie schwer deutbar Calciumbilanzversuche als Basis für die Ermittlung des Ca-Bedarfs sind.

Nach Erschöpfung der labilen Calciumfraktion kann Calcium nur noch durch Abbau der Knochensubstanz zur Verfügung gestellt werden. Dabei handelt es sich nicht um eine „Demineralisierung" des Knochens, wie sie früher postuliert wurde, sondern um einen Gesamtabbau des Knochens, d.h. sowohl der Mineralphase als auch der organischen Matrix. Dabei nimmt das Gewicht des Skeletts bei gleichbleibender Zusammensetzung ab. Der Abbau erfolgt durch die aktive Tätigkeit bestimmter Knochenzellen, der Osteoklasten.

Einen solchen Rückgriff auf die „chemische Calciumreserve" kann man experimentell erzwingen, wenn man bei einer langfristigen ungenügenden Calcium-Zufuhr Prozesse im Organismus entfacht, die langfristig hohe Calciumausgaben bedingen wie z.B. Gravidität und Lactation, ferner bei Vögeln Bildung der Eierschalen. Solche Calciumabzüge durch Abbau der Skelettsubstanz wurden auch schon beim Menschen beobachtet, z.B. unter den schlechten Ernährungsverhältnissen im Kriege und in der ersten Nachkriegszeit.

Die Auflösung der Knochensubstanz erfolgt durch die Osteoklasten. Sie bewirken einen enzymatischen Abbau der Matrix durch Kollagenolyse und Proteolyse sowie durch die Bildung saurer Mucopolysaccharide. Die Demineralisation wird durch Bildung von Säure, vorwiegend Milchsäure, eingeleitet. Vermutlich spielt bei der Demineralisation auch die Kohlensäure eine Rolle, denn Kohlensäureanhydratase ist im Knochen in einer auffallend hohen Aktivität vorhanden.

Im Knochen können sich auch fremde Ionen anreichern. Im strengen Sinne des Wortes fallen hierunter auch die an und für sich physiologischen Ionen wie Na^+, K^+, Mg^{2+}, CO_3^{2-} und Citrat, Im Knochen können sich aber auch körperfremde Ionen anreichern und zwar entweder durch heteroionischen Austausch im Kristallgitter oder durch Speicherung in der organischen Matrix.

Bei dem heteroionischen Austausch werden an der Oberfläche des Kristallgitters gelegene Ca^{2+} gegen die Fremdionen ausgetauscht. Dieser Prozeß verläuft rasch. Aufnahme und Abgabe erfolgen prinzipiell nach denselben Gesetzen wie die von Ca^{2+}. Der Umfang der Aufnahme hängt wesentlich davon ab, inwieweit die Fremdionen unter den im Blut gegebenen Bedingungen ionisiert bleiben bzw. inwieweit sie durch Komplexbildung z.b. durch Citrat oder durch Fällung als Phosphat bzw. Carbonat oder auch durch Bindung an Eiweiß diesen Austauschprozessen entzogen werden.

Zu den Ionen, die durch heteroionischen Austausch im Knochen angereichert werden, gehören Beryllium, Strontium, Radium, Thorium und das Uranylion $(UO_2)^{2+}$. Durch Ablagerung in die organische Matrix werden u.a. gespeicherte Americium, Plutonium, Yttrium, Barium, Zirkonium, Cerium und Gallium.

2.8. Chlorid

Der *Chloridbestand des Menschen* beträgt im Mittel 80 g (rund 2300 mval), entspr. 33 mval/kg, davon sind leicht austauschbar 32 mval/kg. Extracellulär befinden sich 29 mval/kg, intracellulär 4. Die Hauptaufgabe des Cl^- ist die als Gegenion für Na^+ zu dienen und den osmotischen Druck der extracellulären Flüssigkeiten zu bewirken. Eine spezifische Wirkung hat das Cl^- bei der Sekretion des Magensafts.

Der Austausch des Cl^- zwischen dem Extracellulärraum und dem Intracellulärraum erfolgt außerordentlich rasch. Die Austauschgeschwindigkeit ist unabhängig von der Temperatur und läßt sich durch Stoffwechselgifte nicht beeinflussen. Dies weist daraufhin, daß der Austausch ein passiver Prozess ist. Nach der Injektion von radioaktivem Cl^- ist schon nach 2 1/2 Stunden das Austauschgleichgewicht zu 95% erreicht.

Die Chloridaufnahme erfolgt hauptsächlich in Form von NaCl. Der Tagesumsatz (Aufnahme bzw. Ausscheidung) pflegt in der Norm 85–250 mval zu betragen. Cl^- wird sehr rasch resorbiert. Nach Gaben von ^{38}Cl per os an Menschen ließ sich das Isotop schon nach 3–6 Minuten im strömenden Blut nachweisen. Die Resorptionsquoten sind im Jejunum am größten. Die Resorption erfolgt durch einen aktiven Prozeß, der durch Diamox (Acetolamid, ein Hemmstoff der KohlensäureAnhydratase) hemmbar ist.

Wie auf S. 16 gezeigt wurde, wird das bei der Oxydation der Nährstoffe in den Zellen anfallende CO_2 durch das Blut in die Lunge praktisch ohne Belastung des Säure-Basen-Haushaltes transportiert. Dabei entsteht in den Erythrocyten beim Durchfluß durch die Kapillaren HCO_3^-, von dem jedoch etwas in das Plasma abgegeben wird und zwar durch Austausch mit einer äquivalenten Menge Cl^-. Der umgekehrte Prozeß, Aufnahme von HCO_3^- aus dem Plasma in die Erythrocyten und Abgabe der entspr. Menge Cl^- findet in der Lungenalveole statt. Aufnahme und Abgabe von einem Teil der HCO_3^- werden infolge der Permeabilität der Erythrocyten für Cl⁻ durch diesen Mechanismus des „Chlorid-Shift" bewirkt. Der Chlorid-Shift hat auch analytische Konsequenzen als Fehlerquelle bei der Analyse des Blutes auf CO_2 und Cl⁻, wenn das Blut an der Luft steht und CO_2 entweicht, wodurch ein Chlorid-Shift zwischen den Erythrocyten und dem Plasma ausgelöst wird.

Eine spezifische Aufgabe hat das Cl⁻ bei der Salzsäureproduktion in den Belegzellen des Magens, wobei die aus dem Zellwasser stammenden H^+ auf das etwa 10^6-fache konzentriert werden entspr. einer pH-Differenz von pH 7 zu pH 1. Dabei handelt es sich um einen aktiven Transport der H^+ gegen ein Konzentrationsgefälle, was eine erhebliche osmotische Arbeit bedeutet, die durch ATP, also durch Stoffwechselenergie, ermöglicht wird. Aus Gründen der Elektroneutralität müssen mit den H^+ eine äquivalente Menge Cl⁻ sezerniert werden. Diese stammen aus dem Blutplasma. Das bei der Spaltung des Wassers anfallende OH⁻ wird durch Kohlensäure neutralisiert. Hierbei ist das Enzym Kohlensäureanhydratase (4.2.1.1.) beteiligt, das die rasche Einstellung des Gleichgewichtes der Reaktion

$$H_2CO_3 \text{ (bzw. } H^+ + HCO_3^-) \rightleftharpoons CO_2 + H_2O$$

bewirkt. Die Magensäureproduktion läßt sich daher durch Blocker der Kohlensäureanhydratase wie z.B. Diamox hemmen. Die geschilderten Vorgänge sind in der Abb. 5 wiedergegeben.

Die Ausscheidung von Cl⁻ erfolgt in der Norm praktisch ausschließlich durch den Harn. Die Regulation des Chloridbestandes des Organismus geschieht in einer der des Na^+ analogen Weise durch die Niere unter Kontrolle der Mineralcorticoide. Chloridüberschüsse werden durch die Niere innerhalb kurzer Zeit ausgeschieden. Beim Cl⁻-Mangel wird der Harn praktisch chloridfrei.

Ein alimentärer Chloridmangel läßt sich bei der Ratte durch langfristige Verfütterung eines sehr Cl-armen Futters, das nur etwa 0,01—0,02% Cl enthält, erzeugen, wobei das Cl⁻ des Futters durch HCO_3^- ersetzt wird. Die wichtigsten Symptome des Cl-Mangels sind: verringertes Wachstum, verschlechterte Futter-Efficiency und eine kompensierte Alkalose. Sonstige auffallende Symptome wurden nicht beobachtet. Die durch den Cl⁻-Mangel verursachte metabolische Alkalose hat ein Abschieben von Na^+ in die Zellen und eine Abgabe von K^+ aus den Zellen zur Folge. Das so in den extracellulären Raum gelangte K^+ wird zum großen Teil durch die Niere ausgeschieden.

Weitere Möglichkeiten zur Erzeugung eines Chloridmangels bestehen in einer ständigen Entfernung von Magensaft, etwa durch Absaugen oder durch Erbrechen, vor allem wenn die Magensaft-Sekretion durch Histamin stimuliert wurde. Wenn dies mit einer Cl-armen Diät verbun-

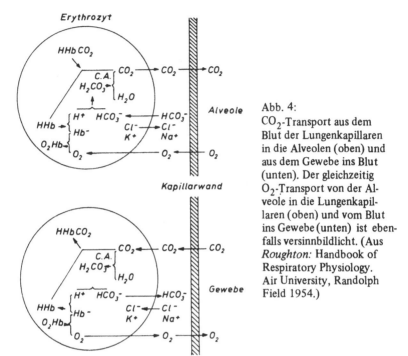

Abb. 4:
CO_2-Transport aus dem Blut der Lungenkapillaren in die Alveolen (oben) und aus dem Gewebe ins Blut (unten). Der gleichzeitig O_2-Transport von der Alveole in die Lungenkapillaren (oben) und vom Blut ins Gewebe (unten) ist ebenfalls versinnbildlicht. (Aus *Roughton:* Handbook of Respiratory Physiology. Air University, Randolph Field 1954.)

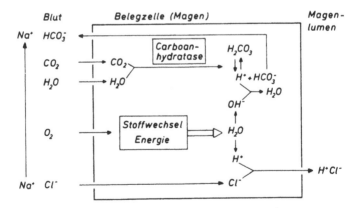

Abb. 5: Salzsäurebildung im Magen.
(Entnommen *E. Buddecke:* Grundriß der Biochemie. Verlag Walter de Gruyter & Co., Berlin-New York. 3. Aufl. 1973. S. 277).

den wird, lassen sich unschwer 30—60% des Cl⁻-Bestandes des Organismus entziehen. Bei Verlusten von mehr als 45% des Bestandes entwickelt sich ein lebensbedrohender Zustand unter Auftreten einer zunehmenden Muskelschwäche. Der Tod erfolgt in einem komatösen Zustand infolge eines durch die Hypochloridämie bedingten Hirnödems. Eine weitere Methode zur experimentellen Erzeugung eines Cl⁻-Mangel besteht darin, i.p. eine größere Menge einer mit $NaHCO_3$ versetzten 5%igen Glucoselösung i.p. zu injizieren. Die Folge ist eine Entfernung der CO_2 durch die Lungen und Heranziehen von Cl⁻ zur Aufrechterhaltung der Elektroneutralität. Wenn dies eingetreten ist, wird die Peritonealflüssigkeit wieder abgelassen und das Vorgehen wiederholt.

2.9. Phosphat

Der P liegt *im Organismus in Form von PO₄* vor, entweder als PO_4^{3-} oder gebunden als Baustein zahlreicher Verbindungen wie Phosphorproteide, Nucleinsäuren, niedermolekularen Nucleotiden wie ATP, ADP, AMP, cycl. AMP bzw.-analogen Verbindungen mit anderen Purin- oder Pyrimidinbasen, Phosphorsäureester von Kohlenhydraten bzw. Metaboliten der Kohlenhydrate, Phosphagene, Phospholipide — um nur die wichtigsten Substanzgruppen zu nennen.

Dementsprechend hat der P im Organismus zahlreiche Aufgaben wie:
1. Als Baustein des Skeletts, eingebaut als PO_4^{3-} in das Kristallgitter der Apatitkristalle.
2. Als Baustein der Zellen und ihrer Strukturen (Phosphoproteide, Phospholipide der Membranstrukturen).
3. Im Bereich des intermediären Stoffwechsels, insbesondere der Kohlenhydrate als Kohlenhydratphosphorsäure-ester und Phosphorsäure-ester von Metaboliten.
4. Energiegewinnung und Energieverwertung in Form von Energiereichen Phosphorsäureverbindungen wie ATP und Verwandte, oder der Phosphagene z.B. Kreatinphosphat.
5. Transport von Substanzen durch Membranen (Phospholipide).
6. Als „second messenger" in Form des cyclischen 3',5'-AMP bzw. anderer cyclischer Nucleotide bei der Wirkung von Hormonen.
7. In Form der Nucleinsäuren als Träger und Vermittler genetischer Informationen.

Ein lehrreiches Beispiel für die lebenswichtigen Aufgaben des Phosphats zeigt uns ein unerfreuliches Kapitel aus dem Problemkreis der *Umweltverschmutzung,* nämlich die durch den zunehmenden Gehalt der Abwässer an Phosphat bedingte überschießende Besiedelung von Flüssen und Seen mit Algen, Plankton u. dgl. Hier ist der PO_4-Gehalt der begrenzende Faktor im Bereich der Lebensbedingungen.

Im Mittel hat der erwachsene Mensch einen P-Bestand von rund 700 g, wovon 75–80% im Skelett liegen. Die Muskulatur enthält rund 60 g P. Der Rest verteilt sich auf die anderen Organe. Abgerundete Werte für den Gehalt von Organen an Gesamt-P, „säurelöslichen P" und anorganischen P (PO_4^{3-}) sind in der Tab. 14 zusammengestellt. Unter „*säurelöslichem P*" versteht man die Summe aller P-haltigen Substanzen, welche bei der Enteiweißung mit Trichloressigsäure in das Filtrat übergehen, ausgedrückt als P. Es sind dies die wasserlöslichen niedermolekularen PO_4 enthaltenden Substanzen wie Mononukleotide (z.B. ATP, AMP u. dgl.) Zuckerphosphorsäureester. Phosphorsäureester von Kohlenhydrat-Metaboliten, Phosphagene, PO_4-Ionen u. dgl.

Tab. 14 Gehalt von Organen an Gesamt-P, „säurelöslichem P" und anorgan. P. Abgerundete Angaben in mMol/100 g Feuchtgewicht

Organ	Gesamt-P	Säurelöslicher P	Anorg. P
Muskel	6	5–6	0,7–1,0
Leber	8 – 9	2–3	0,6–0,8
Gehirn	11	2–3	0,5–0,6
Andere Organe	3 – 5	2–3	0,4–0,6

Serum enthält in der Norm 10–12 mg/100 ml Gesamt-P, 3–4 anorg. P, 3–4 Phosphorsäureester-P und 0,8 Lipoid-P.

Der hohe P-Gehalt des Gehirns ist hauptsächlich durch Phospholipide (Lipoid-P) bedingt. Phospholipide ·machen im Gehirn rund 25% der Trockensubstanz aus. Der konventionelle Umrechnungsfaktor von Lipoid-P auf Phospholipide beträgt 25 entspr. einem mittleren P-Gehalt der Phospholipide von 4%.

Nach der Injektion von $^{32}PO_4^{3-}$ findet ein rascher Austausch mit der extracellulären Flüssigkeit statt. Dann nimmt die Aktivität des ^{32}P im Plasma wesentlich langsamer ab, da der Austausch mit dem Intracellulärraum ein erheblich langsamerer Prozeß ist. Der Austausch in den Intracellulärraum wird durch Gabe von Glucose oder Injektion von Insulin erheblich beschleunigt. Der Pool an leicht austauschbarem P beträgt beim Menschen nur 0,2% des Gesamt-P Bestandes, nämlich 1,2 g. Daraus läßt sich berechnen, daß der P-Pool im Tage mindestens zehnmal umgesetzt wird.

Daten über die Austauschgeschwindigkeit des P-Pool bei der Ratte sind in der Tab. 15 wiedergegeben. Wie man aus ihr ersehen kann, ist die P-Aufnahme und P-Abgabe bei den einzelnen Organen recht unterschiedlich. Den langsamsten P-Stoffwechsel hat das Gehirn, den schnellsten haben die Erythrocyten.

Tab. 15 Austauschgeschwindigkeit des P bei der Ratte (15)
Alle Werte berechnet auf eine Ratte von 200 g Gewicht.

Organ	P-Bestand mg	Austauschrate μg/min	Verweildauer des P in h
Knochen und Zähne	879	153	95,6
Muskulatur	163	56,1	48,6
Haut	47,2	4,16	189,0
Leber	26,9	48,8	9,19
Magen-Darm-Trakt	8,10	2,47	54,7
Fettgewebe	7,40	3,01	41,0
Testes	6,65	1,72	64,4
Gehirn	5,72	0,24	393,0
Nieren	4,58	4,52	16,9
Milz	4,38	1,76	41,5
Lunge + Trachea	3,85	1,91	33,7
Blutzellen	3,26	5,27	2,81
Herz	1,48	1,47	16,7
Rest des Körpers	4,75	1,80	43,9
Ausscheidung im Harn	–	12,3	–

Die früheren Schätzungen des *P-Bedarfs des Menschen* gingen von dem Ca/P-Quotienten des Knochens aus, der zwischen 1,33 und 2 aus den S. 33 erwähnten Gründen schwankt. Im Gegensatz zum Knochen hat die intracelluläre Flüssigkeit einen rund 50 mal höheren Gehalt an P als an Ca (100 mval/l intracellulär gegenüber 2 mval extracellulär). In den „Recommended Allowances" des Food and Nutrition Board der USA wird ein Ca/P-Quotient der Nahrung von 1 empfohlen (21). Die Deutsche Gesellschaft für Ernährung bezifferte die wünschenswerte Höhe der P-Zufuhr für Kinder, Jugendliche und Erwachsene zu 1,2– 1,5 g/Tag, wobei jedoch betont wurde, daß Schwerarbeiter, ferner schwangere und stillende Frauen einen erhöhten P-Bedarf haben. Den P-Bedarf des Menschen aus Bilanzversuchen abzuleiten, stößt auf dieselben Schwierigkeiten wie beim Calcium (S. 29), da auch beim Phosphat die Hauptmenge im Skelett gelegen ist und ähnlich wie beim Calcium das nicht in das Kristallgitter eingebaute Phosphat eine „physikalisch-chemische" Reserve bildet und Phosphatbilanzen auch in langfristigen Versuchen völlig verschleiern kann, ohne in vivo nachweisbar zu sein z.B. röntgenologisch. Es ist daher zu empfehlen, den Vorschlägen für die wünschenswerte Höhe der Phosphatzufuhr noch eine Sicherheitsspanne zuzubilligen, zumal die Ausnutzung des Nahrungs-Phosphats zum Teil schlecht ist. Nach den Ermittlungen von *Wirths* (36) war in der Bundesrepublik 1960/61 die gesamte P-Zufuhr 1500 mg, 1967/68 1375 mg. Die Abnahme dürfte auf die allgemeine Tendenz, die Nahrungszufuhr zu beschränken, zurückzuführen sein, verbunden mit dem abnehmenden Prozentsatz des Verzehrs von Brot und anderen Ceralienprodukten.

Die Hauptmenge des mit der Nahrung aufgenommenen P liegt beim Menschen normalerweise in Form von organischen P-Verbindungen (Zuckerphosphorsäure-ester, Phosphorproteid-P, Nukleinsäure-P, Lipoid-P) vor. Diese werden praktisch quantitativ im Darm aufgespalten. Zur Resorption gelangt nahezu ausschließlich anorganisches Phosphat. Die Resorption des Phosphat wird durch Substanzen, die Phosphorsäure fällen (Salze von Fe, Al und Be), verschlechtert. Nach Versuchen am isolierten Rattendarm nimmt die Phosphatresorption mit steigendem pH zu. Die Resorptionsrate nimmt mit steigender Phosphatkonzentration im Darm linear zu. Besonders schlecht wird das Phosphat aus dem Phytat ausgenutzt.

Über den Mechanismus der Resorption von anorganischen Phosphat durch die Darmschleimhaut ist wenig Sicheres bekannt. Vermutlich spielt bei der Resorption ein vom Stoffwechsel abhängiger Transportmechanismus eine Rolle, indem in der Mucosazelle das Phosphat verestert wird, wodurch ein Diffusionsgradient entsteht. Untersuchungen mit Hilfe von ^{32}P haben gezeigt, daß die Aufnahme des ^{32}P in die Mucosazellen rasch bis zu einem Sättigungswert führt und die Resorptionsgeschwindigkeit vermutlich durch die Abgabe aus der Mucosa in das Blut begrenzt wird. Vitamin D aktiviert den Phosphat-Transport in Richtung Mucosa-Serosa.

Bei einer den Bedarf deckenden Zufuhr an Ca und P bedingt eine Veränderung des Ca/P-Quotienten im Sinne einer Vergrößerung der P-Zufuhr keine Veränderung der Ca-Resorption. Wird aber umgekehrt die Ca-Zufuhr vergrößert, so nimmt die P-Resorptionsquote ab, vermutlich wegen der Bildung des wenig löslichen Tricalciumphosphat $Ca_3(PO_4)_2$.

Die *Ausscheidung des P* erfolgt via *Nieren und Darm*. Beim Menschen werden in der Norm 60—80% des P durch die Niere und 20—40% in den Faeces ausgeschieden. Das gegenseitige Mengenverhältnis hängt jedoch von mancherlei Faktoren ab. Mit abnehmender Ca-Zufuhr nimmt der Prozentsatz des durch den Harn ausgeschiedenen P zu. Bei einem sich über 1 Jahr erstreckenden Bilanzversuch, bei dem die P-Zufuhr 3,0—3,1 g/Tag und die Calciumzufuhr 2,2—2,3 g/Tag war und die Bilanzen für Ca und P leicht positiv waren, lag das Verhältnis der P-Ausscheidung in Harn und Faeces in dem oben angegebenen Rahmen.

Der in den Faeces ausgeschiedene P setzt sich aus 2 Fraktionen zusammen: dem der Resorption entgangenen P und dem aus dem Organismus in den Darm sezernierten. Beide Fraktionen lassen sich unter Verwendung von ^{32}P getrennt erfassen. Bei der üblichen Ernährung sind beim Menschen 70—80% des Faeces-P nicht resorbierter Nahrungs-P. Bei längerem Fasten scheidet der Mensch etwa 0,05 g P im Tag durch den Darm aus, die in den Darm sezerniert worden sind. I.v. injiziertes Phosphat wird fast ausschließlich durch die Niere ausgeschieden. Bei Verabreichung von ^{32}P per os wurden 4–12% der Radioaktivität im Verlaufe von 24 Stunden im Harn ausgeschieden, nach i.v. Injektion 4–23%. Die Nierenschwelle für die Phosphatausscheidung durch die Niere ist bei einer P-Konzentration im Plasma von 2–3 mg% gelegen. Sinkt die Konzentration an anorganischem P unter diese Schwelle, so sinkt die P-Ausscheidung im Harn praktisch auf o ab. Im Harn wird vom Menschen nahezu ausschließlich anorganisches Phosphat ausgeschieden.

Bei schwerer körperlicher Arbeit ist die P-Ausscheidung im Harn zunächst stark vergrößert, sinkt dann aber wieder ab. In der daran anschließenden Erholungsphase tritt dann wieder eine erhebliche Mehrausscheidung von P auf. Muskelarbeit bedingt somit einen erhöhten Bedarf.

Bei der Bluthomöostase des P sind verschiedene Hormone beteiligt. In erster Linie ist das Parathormon zu erwähnen, das eine Senkung des Blutspiegels durch vermehrte Ausscheidung im Harn bewirkt. Der Angriffspunkt in der Niere ist die Hemmung der Reabsorption in den proximalen Tubuli, vermutlich bedingt durch einen Anstieg des cycl. 3',5'-AMP infolge der Stimulierung der Adenycyclase. Umgekehrt führt eine Parathyreoidektomie zu einem P-Anstieg im Plasma. Der adäquate Reiz zur vermehrten Sekretion des Parathormon ist aber nicht die Konzentration im Blut sondern die der Ca^{2+}. Die verschiedentlich beschriebene Hypertrophie der Nebenschilddrüse nach lang anhaltender größerer alimentärer P-Belastung ist wahrscheinlich nur eine indirekte Folge und durch die dabei auftretende Senkung des Ca-Spiegels im Blut bedingt. Calcitonin senkt die Konzentration von Ca und P im Blut. Dasselbe bewirken die Glucocorticoide.

Ein schwerer P-Mangel ist mit dem Leben nicht vereinbar. Bei einem sehr phosphorsäurearmen Futter (0,008% PO_4) nehmen junge Ratten praktisch nicht an Gewicht zu und sterben nach kurzer Zeit an einer allgemeinen Kachexie. Ihr Skelett ist kaum verknöchert, ihre Kalkbilanz ist negativ. Auch ein Gehalt des Futters von 0,137% Phosphat ist für junge Ratten noch nicht ganz ausreichend. Zwar wachsen die Tiere noch normal heran, jedoch ergibt die Analyse des Skeletts einen subnormalen Gehalt an P. Außerdem zeigen die Tiere zumeist histologische Organveränderungen, ferner Störungen der Fortpflanzung.

Aufschlußreich ist das Verhalten des N-Stoffwechsels bei schwerem P-Mangel (0,017% im Futter) von jungen Ratten. Zunächst wurde noch N-retiniert. Während dieser Periode nahmen die Tiere noch an Gewicht zu. Sie verloren viel Calcium aber wenig Phosphat. Offensichtlich wurde während dieser Zeit dem Knochen Calcium und Phosphat entzogen. Das Phosphat wurde zum Aufbau der weichen Gewebe verwendet, während das Calcium, das in den weichen Geweben ja nur in geringen Konzentrationen vorhanden ist, vom Organismus nicht verwertet werden konnte und daher ausgeschieden wurde. Erst als keine Mineralien mehr aus dem Skelett abgezogen werden konnten und daher zum Aufbau der weichen Gewebe kein Phosphat mehr zur Verfügung stand, konnte auch kein N mehr verwertet werden. Es kam dann zu einer negativen N-Bilanz, Verlust von Körpersubstanz und zu einem baldigen Tod. Daß die Tiere zunächst den P-Mangel überleben konnten, war also durch eine Umlagerung des Phosphat aus dem Knochen in die weichen Gewebe bedingt.

Bei einem Ca/P-Quotienten von 1,1 war für 20–30 Tage alte *Sprague-Dawley-Ratten* der Ca-Bedarf für maximales Wachstum 22 mg/ Tag für eine optimale Mineralisation des Skeletts 48 mg/Tag. Enthielt das Futter 0,36% Ca bei einem Ca/P-Quotienten von 1,4, benötigten die Tiere zum maximalen Wachstum 27 mg P/Tag und 34 mg/Tag für die optimale Mineralisation (3).

Phosphatmangelzustände durch unzureichende Nahrungszufuhr (z.B. Ernährung während des Krieges) können beim Menschen lange Zeit ohne auffallende Symptome verlaufen, da die täglichen Phosphatverluste durch Abzüge aus dem Skelett kompensiert werden und der P-Spiegel im Plasma und den anderweitigen Körperflüssigkeiten konstant bleibt. Dauert die unzulängliche P-Zufuhr allzu lange an, so tritt schließlich eine Hunger-Osteomalacie auf.

Die *chronische Zufuhr stark überhöhter Phosphatmengen* führt zu Schädigungen. Die Hauptsymptome sind pathologische Verkalkungen in weichen Geweben, vor allem in den Nieren. Senkungen des Calciumspiegels infolge eines sekundären Parathyreoidismus wurden ebenfalls beobachtet, vermutlich aber nur dann, wenn gleichzeitig die Calciumzufuhr gering war. Die Nephrocalcinose geht mit einer Nekrotisierung des Tubulusepithels einher. Diese an Ratten erhobenen Befunde wurden bei Meerschweinchen bestätigt, bei denen außerdem noch Kalkablagerungen in der Muskulatur, in den Muskelfascien und an der Außenseite des Periost beschrieben wurden. Bei Kaninchen bewirkte die Verfütterung von 600–800 mg P/kg/Tag für 8 Wochen eine Osteoporose, verbunden mit einer Erhöhung des Plasma-P-Spiegels auf etwa das Doppelte des Ausgangswertes, ferner eine vermehrte Ablagerung von [85]Sr in den Nieren als Zeichen für eine vermehrte Mineralretention. Die Verfütterung von 85–90 mg P/kg/Tag für 6 Monate bei einem Ca/P-Quotienten von 0,42 verursachte eine beginnende Osteoporose und ebenfalls eine erhöhte [85]Sr-Retention, jedoch ohne Einfluß auf den Plasma-P-Spiegel.

Bei kritischer Würdigung der vorliegenden Befunde über die toxischen Wirkungen stark überhöhter P-Zufuhren kann man mit großer Wahrscheinlichkeit annehmen, daß die tiefste Grenze der P-Zufuhr, bei der pathologische Verkalkungen, Zellkernveränderungen sowie Zellnekrosen sowie andere toxische Symptome nachweisbar werden, bei 1% P im Futter gelegen ist. Dies würde auf den Menschen umgerechnet bei 2800 kcal Nahrungszufuhr einer P-Aufnahme von rund 6,6 g/Tag entsprechen. Zwischen der wünschenswerten Höhe der P-Zufuhr und der maximal duldbaren chronischen P-Zufuhr besteht demnach eine Sicherheitsspanne von 1 : 4,4.

Erfahrungen beim Menschen und Ergebnisse von Tierversuchen zeigen, daß die üblicherweise bei 1,5 g liegende Tageszufuhr an P ohne Weiteres um 1–2 g/Tag erhöht werden kann, ohne daß Schäden zu befürchten sind. Dabei muß noch daran erinnert werden, daß der erwähnte Grenzwert von 6,6 g/Tag unter Einsetzen der allerungünstigsten Prämissen errechnet wurde und vermutlich zu tief liegt.

G. Embden hatte empfohlen, zur Steigerung der Leistungsfähigkeit zusätzlich im Tag etwa 5–7 g Phosphat (entspr. 1–1,5 g P) aufzunehmen, was sich in der Tat während der Kriegszeit wegen der damals geringen P-Zufuhr auch tatsächlich günstig auswirkte. Das damals von *Embden* empfohlene Präparat „Recresal", das Na_2HPO_4 enthält, wird noch heute von manchen Personen genommen. Schädigungen durch die dadurch vermehrte P-Zufuhr sind nie beobachtet worden.

In Holland wurde die gegenwärtige P-Zufuhr in ländlichen Bezirken zu 39 mg/kg/Tag und bei der städtischen Bevölkerung zu 24 mg/kg/Tag bestimmt. Aus dieser Aufstellung geht in Übereinstimmung mit allen anderen ähnlichen Beobachtungen hervor, daß ein größerer Konsum von Milch bzw. Milchprodukten die Phosphataufnahme erheblich vergrößert. In der Bundesrepublik mit einer durchschnittlichen P-Aufnahme von gegenwärtig 1375 mg/Tag stammen rund 30% des P aus Milch bzw. Milchprodukten.

Bei einer ausschließlichen Ernährung mit Milch treten bei der Ratte pathologische Verkalkungen der Nieren auf, die irreversibel sind und sich daher bei Umstellung auf eine andere Diät nicht mehr zurückbilden. Die pathologischen Nierenverkalkungen durch die reine Milchdiät werden erheblich schwerer, wenn der Milch 0,25% $NaHCO_3$ zugelegt werden. Bei einer reinen Milchdiät beträgt die Tageszufuhr an Ca und P bei der Ratte rund 150 mg, berechnet auf die durchschnittliche Calorienzufuhr von 60 kcal/Tag/Tier. Solche Nierenschäden durch eine Milchdiät werden bei Hamstern nicht beobachtet. Ursache ist vermutlich der Umstand, daß Hamster Ca wesentlich schlechter resorbieren als Ratten. Hamster vertragen jedoch die ausschließliche Verfütterung von Kuhmilch schlecht und reagieren darauf mit Wachstumsverzögerungen und Verkürzung der Lebensdauer.

Bei der Aufnahme von viel Milch zusammen mit Alkali („SIPPY-Diät" zur Behandlung des Magenulcus) wurden mitunter auch beim Menschen pathologische Kalkablagerungen in den Nieren, Lungen und im subcutanen Gewebe, häufig verbunden mit einer Glomerulonephritis beobachtet. Dieses „*Milch-Alkali-Syndrom*" ist jedoch möglicherweise die Folge eines primären Nierenschadens.

Zu therapeutischen Zwecken wurde verschiedentlich eine Vergrößerung der P-Zufuhr diskutiert z.b. nach Knochenfrakturen und bei der Nephrolithiasis.

Im Tierversuch wurde eine erhebliche cariostatische Wirkung der Phosphate nachgewiesen. Durch die Verfütterung von 1,8% Na_2HPO_4 (entspr. 0,38% P in der Diät) wurden bei der Ratte Reduktionen der Caries bei einer sonst eine experimentelle Caries erzeugenden Diät um bis zu 65% berichtet. Der Angriffspunkt der Phosphate ist lokal. Die Wirksamkeit der einzelnen Phosphate hängt von ihrer Wasserlöslichkeit ab. Sie wirken vermutlich durch Veränderungen des Stoffwechsels der in den Plaques vorhandenen Bakterien. Beim Menschen wurde eine gesetzmäßige Beziehung zwischen dem Phosphatgehalt des Speichels und der Carieshäufigkeit beschrieben in dem Sinne, daß mit steigendem Phosphatgehalt die Häufigkeit der Caries abnimmt. Eindeutige klinische Resultate über die günstige Wirkung der Phosphate hinsichtlich Cariesbefall stehen aber beim Menschen noch aus.

2.10. Kondensierte Phosphate

Linear kondensierte Phosphate der allgemeinen Formel $(-P-O-P-)_x$ sind in der Natur als Bausteine von Lebewesen weit verbreitet. Dagegen kommen die ringförmig verknüpften Polyphosphate in der Natur nicht vor. Die ringförmig kondensierten werden als Metaphosphate bezeichnet. Leider wird das linear kondensierte *Graham*-Salz, das eine besonders große Verwendung gefunden hat, häufig (vor allem in den angelsächsischen Ländern) fälschlicherweise als Natriumhexametaphosphat bezeichnet.

Daß linearkondensierte Oligophosphate und Polyphosphate in beträchtlichen Konzentrationen in Hefen, Schimmelpilzen, und anderen niederen Lebewesen vorkommen, ist seit langem bekannt. Ihre Konzentration pflegt in diesen Lebewesen 0,5–1,5% zu betragen. In der neueren Zeit wurde festgestellt, daß kondensierte Oligophosphate und Polyphosphate auch Bestandteile von Säugetieren und dem Menschen sind. In Rinderorganen wurden 2–3 µg/g Feuchtgewicht Polyphosphat aufgefunden, wobei zumeist 50% und mehr auf sehr hoch kondensierte mit Kettenlängen von > 5000 P entfielen. Die kondensierten Phosphate wurden vor allem in den Zellkernen und den Mitochondrien nachgewiesen. In den niederen Lebewesen dienen die kondensierten Phosphate als Energiespeicher, da ihre P-Bindungen energiereich sind. Ob die großen in höheren Lebewesen nachgewiesenen Mengen an kondensierten Phosphaten eine funktionelle Bedeutung haben oder nur als

„metabolisches Fossil" aufzufassen sind, ist gegenwärtig unbekannt. Nicht uninteressant ist in diesem Zusammenhang die Beobachtung, daß bei der Inkubation von Aminosäuren mit linear verknüpften Polyphosphaten unter präbiotischen Bedingungen in hoher Ausbeute Peptide gebildet werden.

Das ebenfalls im Organismus vorkommende organische Diphosphat (Pyrophosphat) wirkt als Regulator der normalen Knochenverkalkung und verhütet pathologische Verkalkungen. Pyrophosphat entsteht laufend im Organismus in größtem Umfange und zwar bei allen Reaktionen, bei denen ein Adenylat-Transfer stattfindet, wie z.B. bei der „Aktivierung" von Aminosäuren und Fettsäuren, Bildung von Carbamylphosphat etc.

$$ATP + Aminosäure \longrightarrow Adenylataminosäure + PP_i \text{ (anorganisches Pyrophosphat)}$$

Da alle Gewebe in hohen Aktivitäten anorg. Pyrophosphat und andere Oligophosphate und Polyphosphate hydrolysierende Enzyme enthalten, ist die stationäre Pyrophosphatkonzentration in den Organen und Körperflüssigkeiten nur gering und in der Größenordnung 10^{-5} m gelegen. Dagegen enthalten Knochen relativ hohe Pyrophosphatkonzentrationen und zwar in der Größenordnung von 0,5% des gesamten P.

In der Norm scheidet der Mensch etwa 3—5 mg Pyrophosphat je Tag im Harn aus. Durch Verabreichung von viel Phosphat (Orthophosphat) mit der Nahrung wird die Ausscheidung von Pyrophosphat vergrößert.

Kondensierte Phosphate, auch Pyrophosphat, werden nicht ungespalten aus dem Darm resorbiert sondern zunächst durch körpereigene, in den Verdauungssäften enthaltene Enzyme, zum Teil aber auch durch Enzyme der Darmbakterien zu Orthophosphat aufgespalten, das dann resorbiert wird. Pyrophosphat wird quantitativ gespalten und sein P daher vollständig resorbiert. Je höher der Kondensationsgrad der Polyphosphate wird, umso langsamer und unvollständiger erfolgt die Spaltung und umso weniger des in ihnen enthaltenen P wird daher resorbiert. Immerhin werden selbst von dem hochmolekularen Graham-Salz (ca. 200 P) noch 10—40% gespalten und als Phosphat verwertet.

Wegen der Verwendung von Polyphosphaten als Lebensmittelzusätze (Schmelzsalz zur Herstellung von Schmelzkäse, Pyrophosphat zur Herstellung von Brühwürsten) wurden umfangreiche toxikologische Untersuchungen über die Wirkung der Polyphosphate durchgeführt. Alle diese Untersuchungen haben übereinstimmend ergeben, daß Polyphosphat keine eigene physiologischen oder toxischen Wirkungen entfalten, da sie ja überhaupt nicht resorbiert werden. Bei Zufuhr per os verhalten sie sich in jeder Beziehung qualitativ und quantitativ gleich dem Orthophosphat und haben nur insoweit physiologische oder toxische Wirkungen als sie dem Organismus Orthophosphat liefern. Sie wurden daher sowohl von der Fremdstoffkommission der Deutschen Forschungsgemeinschaft als auch von dem Joint WHO/FAO Expert Committee on Food Additives in die Liste der für die Verwendung in Lebensmitteln duldbaren Substanzen eingereiht. Selbstverständlich muß ihre Dosierung im Rahmen der Gesamtzufuhr an Phosphat (also als Summe von Orthophosphat-P und Polyphosphat-P) berücksichtigt werden. Die Zufuhr an Polyphosphat-P mit der Nahrung ist nur gering. Die statistisch ermittelte Tageszufuhr aus Schmelzkäse beträgt 20 mg P, aus anderen mit Polyphosphat hergestellten Lebensmitteln etwa ebensoviel. Durch 1 g Hefe werden 10 mg Polyphosphat-P aufgenommen.

Kondensierte Phosphate wirken als Ionenaustauscher. Infolge des hohen Gehaltes der Nahrung an Na^+ und K^+ können von den Polyphosphaten im Darm keine nennenswerten Mengen von Schwermetallen, etwa Eisen oder Kupfer gebunden werden. Als Beispiel sei ein eigener Befund erwähnt: eine Heilung einer experimentellen Eisenmangel-Anämie durch per os Gaben kleiner Dosen von Eisensalzen verlief mit oder ohne gleichzeitige Verfütterung von Polyphosphat in gleicher Weise.

2.11. Sulfat

Die Nahrung enthält praktisch kein Sulfat. $SO_4{}^{2-}$ sind nahezu unresorbierbar. Sie wirken daher in größeren Mengen aufgenommen (z.B. 10–20 g Natriumsulfat) als „salinische" Abführmittel. Sie halten wegen der Unresorbierbarkeit ihr Lösungswasser bei der Passage durch den Darm fest, so daß durch den Reiz des großen Flüssigkeitsvolumens die Peristaltik angeregt wird, was zur Entleerung stark wässriger Stühle innerhalb con 1 1/2 bis 2 Stunden führt. Die i.v. Infusion einer hypertonen Na_2SO_4-Lösung bewirkt eine erhebliche *Diurese*, die dadurch bedingt ist, daß die Nierentubuli $SO_4{}^{2-}$ nicht rückresorbieren können.

Sulfat entsteht durch den Abbau der S-haltigen Aminosäuren Methionin und Cystein, welche die Haupt-Schwefelquelle der Nahrung sind. Die S-Zufuhr mit der Nahrung beträgt im allgemeinen 1,0–1,5 g S. Bei der Oxydation der Nahrung in vitro, wie z.B. zur Bestimmung des Säure- oder Basen-Überschusses eines Nahrungsregimes, pflegen Tagesportionen von 2800 kcal zumeist 50–80 mval $SO_4{}^{2-}$, entsprechend einer S-Aufnahme von 0,8–1280 mg zu liefern.

Eine Übersicht über die Hauptphasen des S-Stoffwechsels vermittelt das Schema (Abb. 6). Der Schwefel wird fast ausschließlich in Form der S-haltigen Aminosäuren Methionin und Cystein aufgenommen. Die nicht zur Proteinsynthese verwerteten Mengen an diesen Aminosäuren werden im Stoffwechsel oxydiert, wobei letztlich Sulfat entsteht. Ein Teil des entstandenen Sulfats wird im Harn ausgeschieden, ein Teil nach Aktivierung mittels ATP zu dem „aktiven" Sulfat (Adenosin-5'-phophosulfat, PAPS) durch Sulfotransferasen auf geeignete Acceptoren übertragen unter Bildung von

1. Glycosaminoglukanen (saure Mucopolysaccharide), die Bausteine von Bindegewebe, Knorpel und der organischen Knochen-Matrix sind,
2. Sulfatiden,
3. Schwefelsäureestern von Steroiden, Phenolen und Alkoholen, die zur „Entgiftung" oder Löslichmachung mit Schwefelsäure verestert und dann im Harn ausgeschieden werden, wie z.B. die Indoxyl-schwefelsäure (Indikan).

Beim Abbau der genannten Verbindungen wird das Sulfat durch die weit in den Organen verbreiteten Sulfatasen abgespalten und die SO_4^{2-} dann als „anorganisches" Sulfat im Harn ausgeschieden.

Man findet im Harn den Schwefel in 3 Formen:

1. als anorganische SO_4^{2-} (in der Norm 1,0–1,2 g/S/Tag)
2. als Estersulfat (in der Norm 0,1–0,2 g S/Tag)
3. als „Neutral-S" (in der Norm 0,05–0,1 g S/Tag).

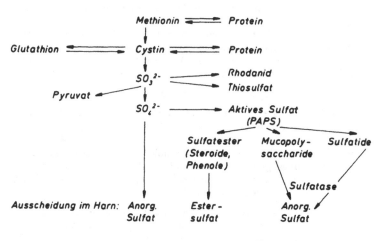

Abb. 6: Vereinfachtes Schema des S-Stoffwechsels

Als Neutral-S bezeichnet man den nicht zu SO_4^{2-} oxydierten S, also den in organischen Verbindungen wie Methionin, Cystin, Taurin, Glutathion etc. enthaltenen S.

Der erwachsene Mensch befindet sich bilanzmäßig in einem S-Gleichgewicht. Da der Nahrungs-S fast ausschließlich dem Eiweiß entstammt, ergibt sich zumeist eine gute Korrelation zwischen der N- und S-Bilanz.

Außer den erwähnten S-Fraktionen findet man im Harn noch kleine Mengen Rhodanid (3–5-mg/Tag) und sehr wenig Thiosulfat. Beide Substanzen entstehen im intermediären Stoffwechsel.

I.v. injiziertes Sulfat dringt nicht leicht in die Zellen ein. Das Verteilungsvolumen von $^{35}SO_4^{2-}$ entspricht nicht ganz dem extracellulären Raum, es beträgt im Durchschnitt 23% des Körpergewichtes. Nach der Injektion von markiertem Sulfat werden innerhalb der ersten 3 Stunden 35-40% der Dosis im Harn ausgeschieden.

2.12. Sulfit

Schweflige Säure bzw. ihr Anhydrid SO_2 wird als Lebensmittelzusatzstoff vielfach verwendet und zwar als Konservierungsstoff zur Verhütung mikrobiell bedingter Veränderungen und zur Verhütung von braunen Verfärbungen und zwar sowohl der enzymatischen als auch der nichtenzymatischen *(Maillard*-Reaktion). Beim Wein dienen kleine Konzentrationen Sulfit der Aromabildung durch Modifikation der alkoholischen Gärung, darüber hinaus wird noch Sulfit als Konservierungsmittel verwendet.

Sulfit entsteht auch endogen beim Abbau von Cystein (siehe Schema Abb. 6). In den meisten Geweben bleibt aber die stationäre Sulfitkonzentration unmeßbar klein, da der Organismus über das Enzym Sulfitoxidase (E.C.Nr. 1.8.3.1.) verfügt, das Sulfit zu Sulfat oxydiert:

$$\text{Sulfit} + O_2 + H_2O \longrightarrow \text{Sulfat} + H_2O_2.$$

Die Sulfitoxidase ist eine Häminenzym. Nach Gaben von 11 bzw. 18 g Sulfit an Hunde werden innerhalb kurzer Zeit 95–98% der Dosis in Form von Sulfat ausgeschieden und nur sehr wenig in Form von unverändertem Sulfit. Eine erstaunlich hohe Sulfitkonzentration wurde in der Samenflüssigkeit von Stieren aufgefunden (8–10 mg/100 ml).

Sulfit ist eine außerordentlich reaktionsfähige Substanz, die mit vielen Bestandteilen der Lebensmittel reagiert:

1. Mit *Proteinen* und zwar mit deren Disulfidbindungen, die zu einem Thiolbruchstück und einer S-Sulfonsäure aufgespalten werden

$$R-S-S-R + SO_3^{2-} \longrightarrow R-S-SO_3^- + RS^-$$

2. Mit *Kohlenhydraten.* Mit reduzierenden Zuckern bildet sich in reversibler Reaktion ein Additionsprodukt entsprechend der Formulierung

$$K = \frac{(\text{freier Zucker}) \times (\text{Sulfit})}{(\text{Additionsprodukt})}$$

Die Lage des Gleichgewichts ist stark pH-abhängig. Der Komplex ist am stabilsten im pH-Bereich 3,0–5,8. Im Magen wird daher normalerweise die schweflige Säure aus diesem Additionsprodukt („gebundene schweflige Säure) rasch in Freiheit gesetzt. Dies erfolgt nach dem gesagten in einem anaciden oder subaciden Magensaft mit einer wesentlich größeren Geschwindigkeit als in einem normaciden. Personen mit einer herabgesetzten Magensalzsäure-Produktion sind daher gegen schweflige Säure wesentlich empfindlicher als Normale. Denn in den mit schwefliger Säure behandelten Lebensmitteln liegt die schweflige Säure wegen ihres Gehalts an reduzierenden Kohlenhydraten vor allem in Form der gebundenen schwefligen Säure vor.

3. Mit *Thiamin.* Thiamin wird von Sulfit entspr. der Formel

Thiamin

aufgespalten. Diese Reaktion ist seit 1935 bekannt und wurde zur Konstitutionsaufklärung des Thiamin verwendet.

4. Mit *Cytosinderivaten,* die spezifisch durch schweflige Säure zu Uracilderivaten desaminiert werden:

$$NH_2 \qquad\qquad OH$$

Cytosin structure:

$$
\begin{array}{c}
NH_2 \\
| \\
C \\
N \diagup \quad \diagdown CH \\
\| \qquad \| \\
OC \diagdown \quad \diagup CH \\
| \\
R
\end{array}
$$

Uracil structure:

$$
\begin{array}{c}
OH \\
| \\
C \\
N \diagup \quad \diagdown CH \\
\| \qquad \| \\
OC \diagdown \quad \diagup CH \\
N \\
| \\
R
\end{array}
$$

Cytosin   Uracil

Diese Reaktion ließ erwarten, daß Sulfit mutagene Eigenschaften
hat. Es erwies sich in der Tat auch bei p_H = 6 als schwaches Muta-
gen für E. coli.

5. Mit *Enzymen.* Sulfit ist ein potenter Hemmer einiger Dehydroge-
nasen. Für die Malatdehydrogenase und die Lactatdehydrogenase
bewirkt 10^{-5} m Sulfit eine 50%ige Hemmung.

Die große Reaktionsfähigkeit des Sulfits bedingt eine gewisse Toxicität. In langfristigen Fütterungsversuchen an Ratten waren die höchsten
Dosen, die noch keine Schäden verursachten bei Applikation im Futter
307 ppm SO_2 entspr. 15 mg SO_2/kg Körpergewicht und bei Applikation im Trinkwasser 750 ppm SO_2 entspr. 37 mg SO_2/kg. Bei Einkalkulierung der üblichen Sicherheitsspanne von 100 wurde von dem
Joint WHO/FAO Expert Committee on Food Additives die ADI (acceptable daily intake) zu 0–0,35 mg/kg Körpergewicht festgelegt. Die
wesentlich geringere Toxicität der schwefligen Säure bei Applikation
im Trinkwasser als bei Applikation im Futter zeigt, daß die schweflige
Säure mit irgend welchen Bestandteilen der Lebensmittel zur Bildung
toxischer Produkte führen muß und daß die nachteiligen Wirkungen
der Substanz nicht allein durch die Zerstörung von Thiamin bedingt
sein können. In der Tat wurde auch festgestellt, daß Sulfit mit Lebens-
mittelbestandteilen im Sinne von Antithiaminen-Bildung reagiert.

In einer neueren Untersuchung war die höchste SO_2-Dosis, die bei
der Ratte symptomenlos vertragen wurde, 72 mg SO_2/kg (34). Als
empfindlichstes Symptom wurde das Auftreten okkulter Blutungen in
den Magen-Darm-Trakt festgestellt. Die histologische Untersuchung der
Tiere ergab Hyperplasien und Entzündungen der Magenschleimhaut. Bei
Schweinen war der no-effect Level für $Na_2S_2O_5$ (Natriummetabisulfit)
bei einer Versuchsdauer von 48 Wochen 0,35% im Futter.

52

3. Spurenelemente

3.1. Allgemeines

Von den heute bekannten rund 100 chemischen Elementen kommen in größeren Mengen nur 11 im menschlichen bzw. tierischen Organismus vor. Sie machen insgesamt über 99% des Körpergewichtes aus. Außer ihnen findet man im Organismus noch weitere Elemente, jedoch nur in sehr geringen Konzentrationen (0,01% und weniger), die im Organismus eine Funktion haben. Man bezeichnet sie als „Spurenelemente". Gegenwärtig sind 13 solcher Spurenelemente mit einer physiologischen Funktion bekannt: *Si, V, Cr, Mn, Fe, Co, Ni, Cu, Zn, Se, Mo, Sn, J* (nach zunehmendem Atomgewicht geordnet). Die Abb. 7 zeigt die Stellung der physiologisch wichtigen Elemente im periodischen System. Wie man sieht, haben nur Elemente mit einem niedrigen Atomgewicht eine physiologische Bedeutung. Verfügbarkeit und Menge eines Elementes in der unbelebten Natur spielen für die Verwendung als essentielles Element und Baustein des lebenden Organismus keine Rolle.

Tab. 16 Vergleich der Häufigkeit der 11 in größeren Mengen als Bausteine des lebenden Organismus dienenden Elemente mit ihrer Häufigkeit in der unbelebten Natur.

Element	% im Organismus	% in der Lithosphäre
Sauerstoff	63,0	47,2
Kohlenstoff	20,0	0,1
Wasserstoff	10,0	0,15
Stickstoff	3,0	0,01
Calcium	1,5	3,6
Phosphor	1,0	0,08
Kalium	0,25	2,6
Schwefel	0,20	0,05
Natrium	0,15	2,64
Chlor	0,10	0,05
Magnesium	0,05	2,10

Die für den Organismus essentiellen Spurenelemente entfalten zumeist ihre Wirkung als Baustein wichtiger Substanzen (Hormone, Enzyme, anderweitige Wirkproteine, Vitamine). Mangel an ihnen bewirkt charakteristische Ausfallserscheinungen.

1	2	3	4	5	6	7	8	9	10	11	12	13	14	15	16	17	18
1 H 1.01																	2 He 4.00
3 Li 6.94	4 Be 9.01											5 B 10.8	6 C 12.0	7 N 14.0	8 O 16.0	9 F 19.0	10 Ne 20.2
11 Na 23.0	12 Mg 24.3											13 Al 27.0	14 Si 28.1	15 P 31.0	16 S 32.1	17 Cl 35.5	18 Ar 39.9
19 K 39,1	20 Ca 40.1	21 Sc 45.0	22 Ti 47.9	23 V 50.9	24 Cr 52.0	25 Mn 54.9	26 Fe 55.8	27 Co 58.9	28 Ni 58.7	29 Cu 63.5	30 Zn 65.4	31 Ga 69.7	32 Ge 72.6	33 As 74.9	34 Se 79.0	35 Br 79.9	36 Kr 83.8
37 Rb 85.5	38 Sr 87.6	39 Y 88.9	40 Zr 91.2	41 Nb 92.9	42 Mo 95.9	43 Tc (99)	44 Ru 101.	45 Rh 103.	46 Pd 106.	47 Ag 108.	48 Cd 112.	49 In 115	50 Sn 119.	51 Sb 122.	52 Te 128.	53 J 127.	54 Xe 131.
55 Cs 133.	56 Ba 137.	57 La 139.	72 Hf 178.	73 Ta 181.	74 W 184.	75 Re 186.	76 Os 190.	77 Ir 192.	78 Pt 195.	79 Au 197.	80 Hg 201.	81 Ti 204.	82 Pb 207.	83 Bi 209.	84 Po (210)	85 At (210)	86 Rn (222)
87 Fr (223)	88 Ra (226)	89 Ac (227)															

58 Ce 140.	59 Pr 141.	60 Nd 144.	61 Pm (147)	62 Sm 150.	63 Eu 152.	64 Gd 157.	65 Tb 159.	66 Dy 162.	67 Ho 165.	68 Er 167.	69 Tm 169.	70 Yb 173.	71 Lu 175.
90 Th 232.	91 Pa (231)	92 U 238.	93 Np (237)	94 Pu (242)	95 Am (243)	96 Cm (247)	97 Bk (247)	98 Cf (249)	99 Es (254)	100 Fm (253)	101 Md (256)	102 No (256)	103 Lr (257)

Abb. 7: Das Periodische System der Elemente. Die im tierischen Organismus eine Funktion ausübenden Elemente sind fett gedruckt.

Neben diesen funktionell wichtigen Spurenelementen findet man im Organismus aber noch zahlreiche Elemente, die in ihm keine Funktion haben und die auf Grund ihrer weiten Verbreitung in der Umwelt vom Organismus gewissermaßen als „Begleitelemente" oder Verunreinigungen aufgenommen werden. Stoffwechselmäßig verhalten sie sich im großen und ganzen ähnlich wie die ihnen verwandten physiologisch wichtigen Substanzen. Lithium begleitet das Natrium, Rubidium das Kalium, Strontium das Calcium. Ein gutes Beispiel bieten auch die Edelgase (Helium, Argon, Krypton, Xenon), die in niederen Konzentrationen in der Luft enthalten sind, daher zwangsläufig eingeatmet werden und in einer durch ihre Löslichkeit, ihren Partialdruck, ihre Diffusionskonstante gegebenen geringen Konzentrationen in der Blutflüssigkeit gelöst angetroffen werden. Die Zahl dieser funktionelle unwichtigen, lediglich die Rolle von Begleitelementen spielenden Spurenelemente hängt von der Empfindlichkeit der zu ihrem Nachweis benützten analytischen Methode ab. Ein evtl. Mangel an einem derartigen Spurenelement bedingt keine Funktionsausfälle und daher auch keine Störungen im Organismus.

Von manchen Spurenelementen ist es heute noch unbekannt, bzw. nicht sicher bekannt, ob sie eine physiologische Funktion im Organismus entfalten und daher unter den essentiellen einzureihen sind. Dies ist dadurch bedingt, daß der Beweis für die Unentbehrlichkeit und eine konkrete Funktion im Organismus nur äußerst schwierig und nur mit einem großen Aufwand verbunden zu führen sind.

Durch die Industrialisierung und ihre Rückwirkung auf die Umwelt kommt der Mensch auf den verschiedensten Wegen (Luft, Wasser, Boden, Lebensmittel, Bedarfsgegenstände) mit chemischen Elementen und Chemikalien in Berührung. Neben schädlichen Bestandteilen von Abgasen (vor allem CO, Stickoxyde, SO_2), Rückständen von Pestiziden, Tensiden, Cancerogenen u.a.m. kommt der Mensch auch in Kontakt mit Schwermetallen, bzw. Schwermetallverbindungen wie Cadmium, Quecksilber und Blei, ferner auch Arsen und Thallium, für die der Mensch ein Speicherungsvermögen hat, die sich daher in ihm anreichern und die bei Überschreitung im allgemeinen sehr kleiner Grenzkonzentrationen toxische Wirkungen entfalten („Toxische" Spurenelemente). Das Problem der Kontamination der Nahrung mit radioaktiven Isotopen wird in einem gesonderten Kapitel behandelt werden.

Tab. 17 Übersicht über die im menschlichen Organismus aufgefundenen Spurenelemente. Nicht berücksichtigt sind in dieser Tabelle die radioaktiven Isotopen.

Physiologische Funktion bekannt	Physiologische Funktion nicht sicher bekannt	Ohne physiologische Funktion, Entbehrlichkeit erwiesen	Toxisch wirkende Spurenelemente
Chrom	Fluor	Aluminium	Antimon
Eisen		Barium	Arsen
Kobalt (als Vitamin B_{12})		Beryllium	Blei
Kupfer		Bor	Cadmium
Mangan		Brom	Quecksilber
Molybdän		Caesium	Thallium
Nickel		Edelgase	
Selen		Gold	
Silicium (als Kieselsäure)		Lithium	
Vanadium		Platinmetalle	
Zink		Rubidium	
Zinn		Silber	
Jod		Strontium	
		Tellur	
		Titan	

Tab. 18 Bestand des Menschen und seines Blutes an Spurenelementen (27a).

Element	Gesamtbestand		Gesamtbestand in mg			Konzentration im Plasma μg/100 ml
	mg	μg/kg	Blut	Plasma	Ery	
1. Essentiell						
Fe	4200	60	2500	3,6	2400	114
Zn	2300	33	34	5,6	2,8	98
Cu	72	1,0	5,6	5,5	2,2	116
V	18	0,3	0,088	0,031	0,057	1,0
Se	13	0,2	1,1			1,1
Mn	12	0,2	0,14	0,025	0,12	0,83
J	11	0,2		2,6	0,35	8,7
Ni	10	0,1	0,16	0,08	0,07	0,42
Mo	9,3	0,1	0,083			0,4
Cr	1,7	0,02	0,14	0,074	0,044	2,8
Co	1,5	0,02	0,0017	0,0014	0,00034	0,018
2. Essentiell?						
F	2600	37	0,095	0,87	0,17	2,8
3. Nicht Essentiell						
Rb	320	4,6	14	2,2	12	
Br	200	2,9	24	17	7,5	
Al	61	0,9	1,9	1,3	0,14	
B	48	0,7	0,52			
Ba	22	0,3	1,0	0,52		
Ti	9	0,1	0,14	0,12		
Au	10	0,1	0,00021		0,08	
Sb	7,9	0,1	2,0			
Cs	1,5	0,02	0,015			
U	0,1	0,001				
Be	0,036					

57

Tab. 19 Aufnahme und Ausscheidung von Spurenelementen durch den Menschen.

Element	Aufnahme mg/Tag	Ausscheidung Harn mg/Tag	Ausscheidung Schweiß mg/Tag	Gehalt Haar µg/g
1. Essentielle				
Fe	15	0,25	0,5	130
Zn	8−15	0,5	5,1	107−172
Mn	2,2− 8,8	0,225	0,1	1,0
Sn	4,0	0,023	2,23	
Cu	3,2	0,06	1,6	16− 56
V	2,0	0,015	1	
Ni	0,4	0,011	0,08	0,0075
Co	0,3	0,26	0,017	0,17−0,28
Mo	0,3	0,15	0,06	
J	0,2	0,175	0,006	0,015
Cr	0,1	0,008	0,059	0,6 − 1
Se	0,07	0,04		0,05
2. Essentiell?				
F	2,5	1,6	0,56	
3. Nicht essentiell				
Al	45	0,1	6,1	5
Br	7,5	7,0	0,2	12,5
Zr	4,2	0,14		
Li	2,0	0,8	+	
Sr	2,0	0,2	0,96	0,05
Rb	1,5	1,1	0,05	
B	1,3	1,0		
Ba	1,25	0,023	0,085	5
Ti	0,85	0,33	0,001	0,05
Nb	0,62	0,36	0,003	2,2
Te	0,12	0,05		
Be	0,013	0,0013		

Mangel an einem *lebenswichtigen Spurenelement* wirkt sich in Unterbrechungen bestimmter Stoffwechselreaktionen aus, häufig durch einen mehr oder minder starken Ausfall von Enzymen. Die Rolle von Metallen in Enzymsystemen kann sich auf die folgenden Funktionen erstrecken:

1. Das *Metall* bildet das aktive, katalytische Zentrum. Als Beispiele seine erwähnt die Häminenzyme und die mit Kupfer arbeitenden Oxidasen.
2. Das Metall wirkt an und für sich nicht katalytisch, vermittelt aber die Bindung des Substrats an das Enzym z.b. durch Komplexbildung mit dem Substrat oder reaktiven Gruppen desselben. Beispiele sind die Exopeptidasen und die Arginase.
3. Das Metall wird benötigt, um die Aktivität des Enzyms zu steuern, etwa durch Förderung oder Hemmung der Wirkung anderer Metalle auf das betreffende Enzym.

Es gibt *Metallenzyme,* bei denen das Metall spezifisch ist. Dies sind solche Enzyme, bei denen das Metall entweder als Bestandteil einer komplizierteren prosthetischen Gruppe (Häminenzyme) oder allein als prosthetische Gruppe (Kupfer enthaltende Oxidasen, Zink in der Kohlensäureanhydratase) fest und nicht abdissoziierbar an das Enzymprotein gebunden ist. In manchen Enzymen ist das Metall von dem Enzymprotein mehr oder minder stark addissoziierbar. Häufig läßt sich dann das Metall durch andere ersetzen wie z.b. Mg^{2+} durch andere zweiwertige Kationen wie Mn^{2+}, Zn^{2+} etc. Beispiele bilden die Arginase, die Phosphotransferasen, Phosphatasen und Exopeptidasen. Hier lassen sich auch häufig Hemmungen durch andere Metalle, meist kompetitiver Art, beobachten.

Neben den katalytisch aktiven Protein-Metallverbindungen gibt es auch solche mit anderen Funktionen z.B. als Transportform oder Speicherform des Elementes.

Während die Konzentration der Spurenelemente im Blut und in den anderen extracellulären Räumen zumeist konstant gehalten wird, findet man in den Organen oft ganz erhebliche Schwankungen, da Spurenelemente in ihnen angereichert werden können. Dies kann verschiedene Ursachen haben:

1. Lokalisierung eines bestimmten Metall enthaltenden Enzyms in bestimmten Zellen (z.B. Kohlensäure-Anhydratase in den Erythrocyten) oder eines nicht katalytisch wirkenden Metallproteins (z.B. Hämoglobin in den Erythrocyten).
2. Lokalisierung in der Nähe der Eintrittspforte des Elementes oder seiner Verbindungen. Als Beispiele sei die Einatmung von Kieselsäure oder Aluminium enthaltendem Staub erwähnt. Diese Verbindungen pflegen dann in den regionalen Lymphdrüsen abgelagert zu werden.
3. Spurenelemente werden mitunter in den Exkretionsorganen konzentriert, z.B. Cr in den Nieren nach Gaben von Chromat.
4. Speicherung in bestimmten Speicherorganen, wie z.B. in der Leber.

Tab. 20 Normalwerte des Gehalts der Organe des Menschen an Spurenelementen.
Angaben in µg je 100 g Feuchtgewicht.

Element	Leber	Niere	Muskel	Herz	Lunge	Gehirn	Pankreas	Dünndarm
Aluminium	80–200	30–150	15–100	60–200	50–100	4– 50	40–200	200–500
Arsen	2– 3	2– 4	2– 3	2– 3	2– 3	2– 4		2– 3
Blei	50	100	50	50	100	50		50
Bor	13	20– 35	14	4	6– 7		8	8
Brom	200–750	350–830		550–630	400–550	200–500	200–600	500–550
Cadmium	40–390	120–1500	1– 10	2– 25	2– 45	1– 40		
Fluor	40–300	6–200	20–120	20–120	90–170	60– 70	140–200	
Jod	5– 7	5– 7	3– 5	5– 7	5– 7	2– 3		5– 7
Kobalt	2,5	2,5– 11	0,5– 1	3	3	4	35	0,8
Kupfer	120–900	100–140	20–120	70–250	35–150	200–400	50–250	100–200
Mangan	100–400	20–200	10– 50	10– 30	10– 40	30– 40	100–250	30–100
Molybdän	3– 70	14– 28				Spur	5– 10	
Quecksilber	1– 12	2– 50	0,1– 4,0	0,1– 1,0	0,5– 0,9	0,5– 13		0,5– 1
Rubidium x 10³	5– 18	5– 13	10– 15	2– 13	6– 16	6– 14	6– 19	5– 20
Selen	0,18–0,66	0,6	0,25–0,60	0,22	0,21	0,27	0,39	0,22
Tellur x 10³	3– 43	3– 21	12– 35	6– 24	2– 35	5– 32	7– 28	11– 39
Zink	60–300	20–200	10–150	20–200	200–300	50–200	300–400	20–350
Zinn	3– 5	3– 5	3– 5	2	1– 2	0,5– 2,0	2– 3	2– 3

Über das Vorkommen weiterer Elemente siehe E.J. Hamilton et al. (The Science of the total Eviroment 1, 341 1972/1973).

Aus den genannten Gründen findet man zumeist erhebliche Schwankungen in der Konzentration der Spurenelemente in den Organen. Die Angaben der Tab. 20 sind daher mehr als Angabe der Größenordnung zu werten.

Die Verteilung der Spurenelemente auf die Substrukturen der Zellen ist schon ungleichmäßig. Cu und Fe sind in den Mitochondrien auf Grund ihrer Funktion bei der biologischen Oxydation angereichert. Die Schwermetalle sind fast ausschließlich im Cytoplasma enthalten.

Die *metallischen Spurenelemente* liegen in den *Lebensmitteln* nicht als freie, sondern als Komplex-gebundene Substanzen vor z.B. als *Metallproteide, Komplexe mit Pflanzensäuren, Phenolen* u. dgl. Eine Anreicherung von Lebensmitteln mit Spurenelementen in Form freier Ionen schafft daher unphysiologische Verhältnisse, die aus verschiedenen Gründen unerwünscht sind. Die *Toxicität* der Metallionen pflegt größer zu sein als die der Komplexverbindungen. Weiterhin können durch den Zusatz von Metallsalzen Aussehen, Geschmack und Haltbarkeit der Lebensmittel beeinträchtigt werden. Ionisiertes Eisen, Kupfer und Mangan wirken als Oxydationskatalysatoren und beschleunigen z.B. das Ranzigwerden von Fetten, Kupferionen katalysieren die oxydative Zerstörung der Ascorbinsäure.

Einen guten Hinweis auf den Spurenelement-Status ergeben in vielen Fällen Analysen der Spurenelement-Konzentrationen in den Haaren, da manche Spurenelemente speziell in den Haaren angereichert werden. Dies gilt insbesondere für manche toxische Spurenelemente wie z.B. Arsen und Blei.

3.2. Essentielle Spurenelemente

3.2.1. Eisen

Der gesamte *Eisenbestand des Menschen* beträgt in der Norm 4–5 g. Die Hauptmenge des Eisen liegt in Form von Hämoglobin und Myoglobin vor. Zur Sicherung der Biosynthese der lebenswichtigen Eisenproteide verfügt der Organismus über Eisenreserven, die in Form der Eisenproteide Ferritin und Hämosiderin vorliegen.

Eisen hat im Organismus mehrere vitale Funktionen:

1. *Als Baustein* der beim Elektronentransport in der Atmungskette beteiligten *Cytochrome,* von denen heute mehr als 20 bekannt sind. Sie sind Eisenporphyrine, bei denen das zentrale Eisenatom durch den Valenzwechsel $Fe^{2+} \rightleftharpoons Fe^{3+}$ als Redoxsystem wirkt.

Tab. 21 Eisenbestand und Verteilung des Eisens beim Menschen.

Verbindung	Bestand g	Eisen mg	% des gesamten Fe-Bestandes
Hämoglobin	900	3100	73
Myoglobin	40	140	3,3
Cytochrome	0,8	3,4	0,08
Katalase	5,0	4,5	0,11
Transferrin	7,5	3,0	0,07
Ferritin und Hämosiderin	3,0	690	16,4
Weitere Fe-Verbindungen		300	7,1

2. *Als Baustein der Peroxidasen und Katalasen,* die Wasserstoff auf H_2O_2 übertragen und dadurch dem Organismus einen Schutz vor dem im Stoffwechsel anfallenden H_2O_2 verleihen. Auch sie sind Eisenporyphyrine.

3. *Als Baustein der Oxygen-Transferasen,* die aromatische Ringe an der Doppelbindung spalten wie z.B. bei der Oxydation der Homogentisinsäure und der Oxydation von Tryptophan zu Formylkynurenin. Bei diesen Reaktionen werden beide Sauerstoffatome des O_2-Moleküls in das jeweilige Substrat eingebaut.

4. *Als Baustein der Hydroxylasen (Monoxygenasen),* die 1 O-Atom zu Hydroxylierungen verwenden und 1 O-Atom mit einem Wasserstoffdonator unter Bildung von H_2O reagieren lassen („mischfunktionelle Oxidasen"). Sie sind vor allem in den Mikrokosmen lokalisiert. Bei ihrer Wirkung ist zumeist das Cytochrom P 450 beteiligt. Sie haben u.a. für „Entgiftungsreaktionen" des Organismus eine große Bedeutung.

5. *Als Baustein* der beim O_2-Transport im Organismus beteiligten *Eisenporphyrinverbindungen Hämoglobin und Myoglobin.*

6. *Als Baustein mancher Flavinenzyme* Succinodehydrogenase, Aldehydoxidase, Xanthinoxidase, Cholinoxidase.

Das Eisenproteid *Ferredoxin,* bei dem das Fe über Cystin gebunden ist, kommt im tierischen Organismus nicht vor. Es ist bei der Photosynthese beteiligt und zwar bei der Reduktion von $NADP^+$ durch die Ferredoxin-NADP-Oxidoreductase, einem Flavinenzym. Ferredoxin hat das am stärksten negative Redoxpotential aller bisher aufgefundener Substanzen mit $E'_0 = -0,43$ V.

Latente und manifeste *Eisenmangelzustände* sind in der ganzen Welt weit verbreitet und zwar insbesondere bei Kindern und bei Frauen bis zur Menopause. Ursachen sind bei Kindern der durch das Wachstum bedingte größere Eisenbedarf, bei den Frauen die durch die Menstruation bedingten Eisenverluste. Der Food and Nutrition Board des National Research Council der USA hat daher bei einer neuen Revision seiner „Recommended Allowances" (21) seine Zahlen für die wünschenswerte Höhe der Eisenzufuhr erhöht und empfiehlt für Erwachsene eine *tägliche Fe-Zufuhr von 18 mg* und zwar auf Grund der folgenden Befunde.

Die gesamte *Eisenausscheidung* des gesunden Mannes beträgt im Mittel 1 mg/Tag. Sie kann bei Eisenmangel und Eisenüberladung zwischen 0,4 und 2,0 mg/Tag schwanken. Frauen haben durch die Blutverluste bei der Menstruation zusätzliche Eisenausgaben von durchschnittlich 0,5 mg/Tag bei großen individuellen Schwankungen, bei 5% der Frauen wurde der tägliche zusätzliche Fe-Verlust zu 1,4 mg bestimmt. Die Gravidität bedingt einen erhöhten Eisenbedarf von 2−4 mg/Tag, vor allem in den letzten Monaten. Die Eisenabgaben durch die Lactation betragen 0,5−1,0 mg/Tag. Kinder benötigen, je nach Alter und Geschlecht, eine effektive Fe-Aufnahme von 0,2−1,0 mg/Tag.

Zur Sicherstellung von Eisenaufnahmen in der erwähnten Größenordnung für den gesunden Erwachsenen müssen rund 18 mg/Tag Eisen mit der Nahrung zugeführt werden. Hierbei ist zu berücksichtigen, daß die Resorptionsquote des Eisens aus den verschiedenen Lebensmitteln recht unterschiedlich sein kann, wobei nicht nur die unterschiedliche chemische Zusammensetzung eine Rolle spielt, sondern auch der Umstand, daß durch Kombinationen von Lebensmitteln die Resorptionsquote häufig erheblich verändert wird, wobei große individuelle Unterschiede zwischen den einzelnen Personen zu beobachten sind.

Der *Mechanismus der Eisenresorption* ist noch weitgehend ungeklärt. Vermutlich handelt es sich um einen keine Energie verbrauchenden Prozeß, bei dem das Fe nach Bindung an einen Liganden in Form eines Chelats resorbiert wird. Im Magensaft wurde ein Fe-bindendes Glykoprotein „Gastroferrin" (Mol. Gew. 560 000) nachgewiesen. Die Fe-Bindungskapazität des Magensaftes beträgt beim Menschen im Mittel 1,3 mg/100 ml. In der Mucosazelle erfolgt wahrscheinlich auch eine Bindung des Fe an ein Mucoproteid („mucosal iron binding protein"). Aus der Mucosazelle wird das Fe durch einen energieabhängigen Prozeß in das Blut abgegeben, wo es an das Eisen transportierende Globulin Transferrin (Siderophilin) gebunden wird. Fe, das nicht sofort an das Blut abgegeben wird, wird in der Mucosazelle als Ferritin gespeichert.

Die *Resorptionsquote („Ausnutzung") des Eisen aus den einzelnen Lebensmitteln* ist sehr unterschiedlich und wird durch vielerlei Nahrungsbestandteile modifiziert. Die hierüber bestehende Literatur ist außerordentlich umfangreich. Die zuverlässigsten Daten wurden durch Markierung des Nahrungseisen mit ^{59}Fe oder Doppelmarkierung mit [55]Fe und ^{59}Fe erhalten, vor allem durch Bestimmung der Aktivität des Menschen mit dem Gesamtkörper-Zählrohr.

Am besten ist das Eisen aus *Fleisch* ausnutzbar. Bei gesunden Personen lag hier die von verschiedenen Untersuchern z. Teil an großen Kollektiven mittels ^{59}Fe gemessene Resorptionsquote im Mittel zwischen 20 und 30%. Aus Hämoglobin war die Ausnutzung 7,% aus Leber 6,3%, aus Fisch 5,9%. Bei Cerealien und Vegetabilien, ferner bei Milch ist die Resorptionsquote bei nur 1–5% gelegen. Fleisch ist die beste Quelle für Eisen, nicht nur wegen der hohen Resorptionsquote sondern auch deswegen, weil durch Fleisch die Ausnutzung des Fe aus Cerealien und Vegetabilien verbessert wird. Die Ausnutzung des Eisen aus der Nahrung wird durch Verzehr von Eiern und Gegenwart von Phytat bedeutend verschlechtert und durch Gegenwart von Ascorbinsäure (Orangensaft) verbessert (außer bei Fleisch). Die Fe-Anreicherung von Lebensmitteln siehe S. 68.

Bei Eisenmangelzuständen und Erhöhung der Hämoglobinbildung wird die Ausnutzung des Nahrungseisen zumeist vergrößert. Man nimmt an, daß – zum Mindesten beim Gesunden – der Umfang der Eisenresorption durch den Bedarf gesteuert wird. Dies würde die Existenz einer Reihe von Mechanismen erfordern wie Erfassung des Zustandes der Eisenspeicher bzw. des Fe-Plasmaspiegels, Übertragung der Information auf die Mucosa, Vorhandensein von Rezeptoren für die Information und Mechanismen, die auf die Information reagieren. Ein so kompliziertes System dürfte störungsanfällig sein, so daß der Schluß berechtigt wäre, daß manche Eisenmangelzustände letzten Endes durch Versagen eines solchen Systems verursacht werden, evtl. auch die Hämachromatose.

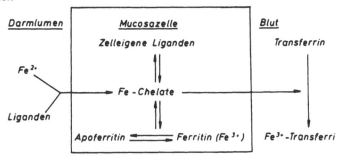

Abb. 8: Schema der Eisenresorption

Im Plasma wird das Eisen durch das *Transferrin,* ein ß₁-Globulin transportiert. Transferrin hat ein Mol.-Gewicht von 90 000 und bindet 2 Fe^{3+} (entspr. 125 mg Fe/100 g Protein). Die Transferrinkonzentration im Plasma beträgt 0,24–0,28%. Die Fe-Konzentration im Plasma beträgt bei Männern 90–180 (Mittel 125), bei Frauen 70–150 μg/100 ml (Mittel 90). Auf Grund der Transferrinkonzentration könnte das Plasma mehr als 300 μg Fe binden. Die Sättigung des Transferrin beträgt also in der Norm nur 30–35%.

Zur Sicherung der Synthese der funktionell wichtigen Eisenverbindungen verfügt der Gesunde über Eisenspeicher, die in der Norm rund 700 mg Fe speichern und zwar in Form des Ferritin und des Hämosiderin. Apoferritin hat ein Mol.-Gewicht von 480 000. Es kann wechselnde Mengen Eisen bis zu einem Fe-Gehalt von 25% speichern. In ihm liegt das dreiwertige Eisen als Phosphat und Hydroxyd vor. Ferritin ist vor allem in der Leber und im RES vorhanden. In der Leber enthält der Zellkern etwa 0,4% des gesamten Eisenbestandes. t/2 des Ferritins in der Leber wurde zu 72 h bestimmt. Als Hämosiderin bezeichnet man in Granula abgelagerte Eisenproteide inkonstanter Zusammensetzung, die bis zu 35% Fe enthalten können. Sie lassen sich leicht histologisch durch Färbung auf Fe nachweisen. Hämosiderin wird ebenfalls hauptsächlich in der Leber abgelagert. Von dem gesamten gespeicherten Eisen des Organismus enthält die Leber 30–70%.

Die durchschnittliche Lebensdauer der Erythrocyten beträgt beim Menschen 100–120 Tage. Daraus ergibt sich, daß ein erwachsener Mensch 8–9 g Hämoglobin je Tag abbaut und neu synthetisiert. Dies entspricht einem Eisenumsatz von 25–30 mg im Tag. Da sich in der gesamten Blutflüssigkeit nur 4 mg Eisen befinden, muß das Plasmaeisen immer rasch ergänzt werden. t/2 des Plasma-Fe wurde zu 100 Minuten bestimmt. Die Eisenausscheidung ist – wie schon erwähnt – nur gering und beträgt im Mittel 1 mg/Tag. Der größte Teil des beim Abbau des Hämoglobin frei werdenden Fe bleibt demnach dem Menschen erhalten und wird zur Neusynthese von Hämoglobin bzw. den anderen Hämverbindungen reutilisiert. Die Umsatzgeschwindigkeit der anderen Hämverbindungen liegt in derselben Größenordnung wie die des Hämoglobin, abgesehen von der Leberkatalase, die einen rascheren Umsatz hat. Da mengenmäßig das Hämoglobin alle anderen Hämverbindungen bei weitem übertrifft, wird der Umfang des Eisenstoffwechsels praktisch durch den Hämoglobinumsatz bestimmt.

Messungen des Eisenumsatzes des Menschen durch langfristige Verfolgung der ^{59}Fe-Aktivität des Menschen im Gesamtkörper-Zählrohr nach Gaben von ^{59}Fe ergaben eine t/2 von 568 Tagen entspr. einer Umsatzrate von 0,032% für Männer (1,2 mg/Tag) und 0,052% für Frauen entspr. einer Umsatzrate von 1,4 mg/Tag.

Die *manifeste Eisenmangelanämie* ist eine mikrocytäre hypochrome Anämie. Die Sequenz der Ereignisse bei ihrer Entstehung ist: hochgradige Verminderung der Eisenspeicher, Vermehrung des Transferringehaltes des Blutes, Abnahme des Plasma-Fe und des Hämoglobins des Blutes. Verminderung des Hämoglobingehaltes der Erythrocyten.

Der manifesten Eisenmangelanämie geht voraus die *latente Anämie,* bei der noch der Hämoglobingehalt des Blutes und der Spiegel des Plasma-Fe normal sind, die Eisenspeicher des Organismus jedoch schon mehr oder minder stark abgenommen haben. Zum Nachweis der Größe der Eisenspeicher und damit zur Feststellung einer latenten Eisenmangelanämie sind schon verschiedene Methoden ausgearbeitet worden, die aber alle nicht einfach durchzuführen sind und sich daher für ausgedehntere epidemiologische Untersuchungen nicht eignen:

1. Berechnung des Umfangs und der Kinetik der *Neubildung von Hämoglobin* nach einer Hämoglobin- bzw. Eisenverarmung des Organismus durch wiederholte Phlebotomien.
2. *Mobilisierung der Eisenspeicher* durch Verabreichung des *Chelatbildners Deferroxamin* durch i.m. Injektion und kumulative Messung der Eisenausscheidung im Harn bis ein Abfall des Hämoglobingehaltes des Blutes nachweisbar ist, der Hämotokritwert auf mindestens 35 abgefallen ist und in Knochenmarkpunktaten kein färbbares Hämosiderin nachgewiesen werden kann. Eisenchelate werden nicht via Darm sondern via Niere aus dem Organismus eliminiert.
3. Histologie von Knochenmarkpunktaten und Untersuchung auf färbbares *Hämosiderin.* Diese Methode liefert keine quantitativen Resultate, vor allem wird mit ihr das Ferritin nicht erfaßt.
4. Vergrößerte *Resorptionsquote des Nahrungseisen,* nachweisbar durch Markierung mit ^{59}Fe (Testdosis 0,05–0,2 µCi) und Messung der im Organismus retinierten Radioaktivität mit dem Ganzkörper-Zählrohr.
5. *Eisenanalysen der Leber* in Material, das durch Biopsie oder Autopsie gewonnen wurde. Bei gut gefüllten Eisenspeichern enthält die Leber des Erwachsenen 20 mg Nichthäm-Fe/100 g.

Zur Ermittlung der *Eisenbilanz* wurden verschiedene Methoden verwendet, die jedoch zum Teil einer Kritik nicht standhalten:

1. Ermittlung der Bilanz durch *Analyse.* Hauptmangel dieser Methode ist der Umstand, daß man nicht zwischen nicht resorbiertem Fe, in den Darm sezernierten Fe und durch Desquamierung von Zellen abgegebenem Fe unterscheiden kann. Vielfach wurden von den Autoren viel zu hohe Eisendosen verabreicht.
2. Durch *Erfassung des Fe-Blutspiegels.* Diese Methode ist unbrauchbar, weil keine Korrelation zwischen dem relativen oder absoluten Anstieg des Plasmaspiegels bzw. auch Gestalt der Plasma-Fe-Kurve und der tatsächlich resorbierten Eisenmenge besteht.

Tab. 22 Resorptionsquote einer Testdosis von 0,56 mg ^{59}Fe, bestimmt durch die Gesamtkörper-Retention. (10, 11).

Kollektiv	n	Resorption in % der Testdosis	
		Bereich	Mittel
Männer, gesund	108	4,0– 35,0	18,7 ± 8,2
manifester Fe-Mangel	5	90,5–100	95,3 ± 4
Frauen menstruierend			
gesund	52	16,3– 44,8	31,7 ± 8,1
prälatenter Fe-Mangel	32	48,0– 90,1	67,7 ± 11
latenter Fe-Mangel	8	69,2–100	82,5 ± 14
manifester Fe-Mangel	17	58,3–100	81,7 ± 13
Frauen in der Menopause			
gesund	6	14,6– 39,6	29,8 ± 9,5
manifester Fe-Mangel	5	71,1– 82,7	76,1 ± 5,3
Frauen in der Gravidität			
IV Monat	10	16,5– 94,6	42,4 ± 28
V Monat	12	25,8–100	58,7 ± 34
VI Monat	13	42,3– 95,4	74,6 ± 13
VII Monat	20	57,7– 98,9	84,0 ± 13
VIII Monat	15	72,4– 98,4	87,9 ± 6,7
IX Monat	15	82,4–100	89,8 ± 4,9

3. Durch *Messung der Inkorporierung von ^{59}Fe in das Hämoglobin der Erythrocyten.* Die Methode ist unzuverlässig, weil die Utilisierung des verabreichten Fe zur Hämoglobinbildung erhebliche Unterschiede aufweisen kann.
4. Durch *Messung des nicht resorbierten ^{59}Fe in den Faeces.* Die Anwendung dieses Verfahrens ist schwierig, da für 1–2 Wochen der Stuhl quantitativ gesammelt werden muß, was häufig auf Schwierigkeiten stößt.
5. *Messung der Gesamtkörper-Retention von ^{59}Fe mit dem Ganzkörperzählrohr.* Diese Methode ist als die zuverlässigste zu betrachten. Die Strahlenbelastung ist infolge der kleinen benötigten Testdosis von 0,05–0,2 μCi nur gering.

Bei der Hämochromatose findet man eine starke Vergrößerung der Eisenspeicher. Die Hämochromatose kann verschiedene Ursachen haben:
1. eine chronische erhebliche Steigerung der Eisenzufuhr per os oder

durch öfter wiederholte Bluttransfusionen, *2.* als spezifische Stoff-wechselkrankheit auch ohne stark erhöhte Eisenzufuhr, vielleicht durch ein Versagen der Regelung der Eisenresorption durch den Bedarf, *3.* als sekundäre Folge anderweitiger Erkrankungen (Leber-cirrhose, Pankreaserkrankungen). Bei einer Hämochromatose ist der Plasma-Eisenspiegel erhöht und zumeist die Fe-Bindungskapazität erniedrigt. In der Haut wird ein bronzefarbenes Pigment abgelagert.

In chronischen Fütterungsversuchen an Hunden erwies sich Eisen als wenig toxisch. In einem 4–7 Jahre dauernden Versuch an Hunden wurden bei Gaben von 500–1000 mg Fe/kg Körpergewicht keine auf-fallenden Symptome beobachtet. Gegen akute Eisenvergiftungen sind junge Kinder empfindlich. Letale Wirkungen wurden schon nach der Aufnahme von 900 mg Fe/kg beobachtet. Erwachsene sind weit weniger gefährdet.

Zur Sicherstellung einer ausreichenden Eisen-Aufnahme der Personen, welche durch Entstehung eines latenten oder manifesten Eisenmangels gefährdet sind (Kinder, Frauen bis zur Menopause, Gravide und Lac-tation) hat der Food und Nutrition Board des National Research Council 1968 empfohlen (21), die tägliche Eisenaufnahme auf 18 mg/Tag zu erhöhen. Dies ist mit der gegenwärtig in der westlichen Welt üblichen Ernährung nicht möglich. Sie enthält im Durchschnitt nur 6 mg Fe/1000 kcal. Nimmt man eine mittlere Verwertbarkeit des Fe um 10% an, entspräche dies einer Tageszufuhr von etwa 1,2 mg. Durch die empfohlene Steigerung der Tageszufuhr auf 18 mg, würde die tägliche Eisenaufnahme um etwa 5 mg/Tag vergrößert, vorausge-setzt, daß die Resorptionsquote 10% beträgt.

Da dieses Ziel bei Beibehaltung der gegenwärtigen Ernährungsge-wohnheiten nicht zu erreichen ist, empfiehlt der Food and Nutrition Board, *Brot und Mehl mit Eisen anzureichern* und zwar Mehl, Teig-waren, Reis etc. mit 40–60 mg/Pound und Brot mit 25–40 mg/Pound. Dabei sollen nur solche Eisensalze verwendet werden, die gut resor-bierbar sind. Eine „ungezielte" Eisen-Anreicherung aller möglicher Le-bensmittel wird nicht befürwortet. Daß bei einem solchen Vorgehen manche Personen wesentlich größere Eisen-Aufnahmen haben können als die empfohlenen 18 mg/Tag, ist als sicher anzunehmen. Irgend eine Gefährdung ist dadurch auf Grund der geringen Toxizität des Fe nicht gegeben. Ein von dem Food and Nutrition Board einberufener Workshop hat sich eingehend mit Anreicherungsproblemen befaßt. Als günstigstes Eisensalz wurde $FeSO_4$ betrachtet. Dies wurde durch neuere Untersu-chungen an Mensch und Versuchstieren erneut bestätigt. Ergebnisse eines Team der Food and Drug Administration sind in der Tabelle 23 wiedergegeben.

Tab. 23 Biologische Wirkung verschiedener Eisenverbindungen bei der Heilung einer experimentellen Eisenmangelanämie von Hühnern und Ratten (9).

Die relative biol. Wertigkeit ist $= \dfrac{\text{mg Fe/kg aus FeSO}_4}{\text{mg Fe/kg der Testsubstanz}}$

für eine gleich große kurative Wirkung bzgl. Gehalt an Hämoglobin und Erythrocyten.

Eisenverbindung	rel.	biol.	Wertigkeit
Fe^{2+}-Sulfat		100	
Fe^{3+}-Sulfat		83	(66−100)
Fe^{2+}-Gluconat		97	
Fe^{+}-Glycerophosphat		93	(86−100)
Fe^{3+}-Pyrophosphat		45	(38− 52)
Ferrum reductum		37	(8− 66)
Fe^{3+}-Chlorid		44	(26− 67)
Fe^{2+}-Carbonat		2	(0− 6)
Fe^{3+}-Oxyd		4	(0− 6)

Bei gut kontrollierten Resorptionsversuchen mit markierten Substraten wurden bei Eisenanreicherung von Brot auch günstige Resorptionsquoten gefunden. In einer Untersuchung, in der das Brot-Fe biosynthetisch mit ^{59}Fe markiert worden war und das zur Anreicherung verwendete Fe^{3+}-ammoniumcitrat mit ^{55}Fe (0,3 mg Fe auf 28 g Brot) ergab sich beim Weizenbrot (71% Ausmahlung) eine Resorptionsquote von 19,2%, für die des zugesetzten Fe^{3+}-ammoniumcitrat von 15,3% (7). Aus den Kleiebestandteilen der Cerealien ist die Resorptionsquote wegen des hohen Gehalt an Phytat immer schlecht mit und ohne Anreicherung. Sie lag bei dem beschriebenen Versuch für das ^{59}Fe zwischen 0,5 und 2,2%, für das ^{55}Fe zwischen 0,3 und 5,4%. Auf das Problem, ob die Resorption des Fe aus Lebensmitteln als ein 2 Pool-System (Hämeisen und Nichthämeisen) aufzufassen ist, soll hier nicht eingegangen werden, ebenso auch nicht auf die Frage, ob bei der Resorption bei doppelter Markierung (Nahrung-^{59}Fe, Zusatz-^{55}Fe ein Isotopenaustausch erfolgt.

Therapeutische und prophylaktische Großversuche von 12 Monaten Dauer an großen Kollektiven von Frauen mit Hämoglobinwerten von rund 8 g/100 ml ergaben praktisch keine positiven Befunde hinsichtlich der Wirksamkeit der Anreicherung von Brot mit 2,7 mg Fe in Form von Fe^{3+}-Ammoniumcitrat (8).

Weitere Kritiken an der etwaigen Anreicherung von Ceralien und Brot betreffen technische Fragen, insbesondere unerwünschte Wirkungen der Eisensalze im Sinne einer Förderung der Ranzidität und der Verschlechterung der Backeigenschaften.

Ein Expertenkommittee der World Health Organization (WHO) hat sich 1972 ebenfalls mit dem Problem der ernährungsbedingten Eisenmangel-Anämie beschäftigt (37). Es kam gleichfalls zu dem Schluß, daß in der gegenwärtigen Ernährungssituation die Eisenzufuhr nur durch eine Eisenanreicherung von Lebensmitteln auf die wünschenswerte Höhe gebracht werden kann. Seine Empfehlungen über die wünschenswerte Höhe der Eisenzufuhr, in Abhängigkeit von dem Verzehr tierischer Lebensmittel ist in der Tabelle 24 wiedergegeben.

Tab. 24 Empfehlungen für die wünschenswerte Höhe der Eisenzufuhren durch ein Expertenkommittee der WHO (37).

Personenkreis	Resorbiertes Fe benötigt mg/Tag	mg Fe in der Nahrung benötigt		
		bei 10% der kcal durch tierische Lebensmittel	10−25% kcal tierische Lebensmittel	über 25% kcal tierische Lebensmittel
Kinder 1−12 Jahre	1,0	10	7	5
Knaben 13−16 Jahre	1,8	18	12	9
Mädchen 13−16 Jahre	2,4	24	16	12
Männer	0,9	9	6	5
Frauen bis zur Menopause	2,8	28	19	14

Dabei ist zu klären: Art der zur Anreicherung geeigneten Lebensmittel, Technologie der Anreicherung, Art der zur Anreicherung geeigneten Eisenverbindungen, geschmackliche Qualität der angereicherten Lebensmittel, biologische Wirksamkeit der angereicherten Lebensmittel in kontrollierten Doppelblind-Felduntersuchungen. Dabei ist vorauszusetzen, daß alle anderen, bei der Hämoglobinbildung beteiligten Nahrungsfaktoren (z.B. Folsäure, Vitamin B_{12}, Eiweiß) in ausreichenden Mengen zugeführt werden.

3.2.2. Kupfer

Der *Kupferbestand des Menschen* beträgt etwa 80−100 mg, wovon 45% auf die Muskulatur, 25 mg auf das Skelett und 20 mg auf die Leber entfallen. Beim Menschen wurden im Mittel die folgenden Kupferkonzentrationen in den Organen gefunden: Gehirn 6,3, Leber 5,1, Herz 3,0, Niere 2,0 und die anderen Organe 0,5−1,0 ppm im Feuchtgewicht. Das Kupfer liegt im Organismus an Proteine gebunden vor und zwar teilweise als Bestandteil von Enzymen, teilweise an nicht katalytisch wirksame Proteine, deren Aufgaben Transport und Speicherung von Kupfer sind.

Tab. 25   Kupfer enthaltende Proteine des tierischen Organismus.

Enzyme		Nicht katalytisch wirksam
Cytochromoxidase	1.9.3.1.	Hämocuprein
Coeruloplasmin	1.10.3.2.	Erythrocuprein
Tyrosinase	1.10.3.1.	Hepatocuprein
Uricase	1.7.3.3.	Cerebrocuprein
Aminoxidase	1.4.3.4.	Mitochondrocuprein
Diaminoxidase	1.4.3.3.	
Dopamin-β-hydroxylase	1.14.2.1.	

Die *Kupferzufuhr mit der Nahrung* beträgt im allgemeinen 2—5 mg im Tag. Bilanzversuche haben ergeben, daß bei einer 2 mg übersteigenden Zufuhr die Bilanz ausgeglichen bis positiv ist. Über den Mechanismus der Kupferresorption ist man nur mangelhaft unterrichtet. Die Resorption erfolgt im oberen Dünndarm. Der Umfang der Resorption pflegt 0,6—1,6 mg/Tag zu betragen. Die Resorption erfolgt vermutlich an noch nicht näher bekannte Liganden gebunden. Kupferkomplexe einiger Aminosäuren werden praktisch quantitativ resorbiert und zwar ungespalten. Größere Mengen Zink in der Nahrung hemmen die Kupferresorption.

Im Plasma wird das Kupfer an Albumin gebunden transportiert. Das so gebundene Kupfer macht aber nur etwa 4% des gesamten im Plasma befindlichen Cu aus. Das an Albumin gebundene Cu reagiert noch direkt mit dem zu Nachweis und Bestimmung des Cu^{2+} verwendeten Diäthyldithiocarbamat. 96% des im Plasma befindlichen Cu liegen als Coeruloplasmin vor. Es wird in der Leber gebildet, der Einbau des Cu erfolgt während der Biosynthese. Coeruloplasmin enthält das Cu fest gebunden, es tauscht sein Cu nicht gegen Cu^{2+} aus und gibt mit Diäthyldithiocarbamat keine Farbreaktion. Insgesamt (an Albumin gebunden + Coeruloplasmin) enthält das Plasma 80—150 µg (im Mittel 90) je 100 ml. Der Coeruoloplasmingehalt des Plasma beträgt 18—37 µg/100 ml. Coeruloplasmin hat ein Mol.-Gew. von 160 000 und enthält 8 Cu-Atome und zwar 4 als Cu^+ und 4 als Cu^{2+}. Die wichtigste Aufgabe des Coeruloplasmin besteht darin, die bei der Resorption des Eisen in das Plasma gelangenden Fe^{2+} zu Fe^{3+} zu oxydieren, da nur Fe^{3+} an das das Eisen transportierende Transferrin gebunden werden.

In der Leber liegt das Kupfer vor allem als *Hepatocuprein* vor, in den Erythrocyten als *Erythrocuprein,* im Gehirn als *Cereberocuprein.* Diese Kupferproteide sind ähnlich gebaut, sie haben ein Mol.-Gew. von etwa 30 000, ihr Cu-Gehalt beträgt 0,30—0,35%. Ihre Funktion besteht darin, Kupfer zu speichern. 50% und mehr des Kupferbestandes des Organismus liegen in Form dieser Kupferproteide vor. In der Ratten-

Leber findet man im allgemeinen die folgende Verteilung des Cu auf die Substrukturen: 50% im Cytoplasma, 20% in den Zellkernen, 19% in den Mitochondrien und 6% in den Mikrosomen.

Kupfer ist ein Bestandteil der *Cytochromoxidase,* der teminalen Oxidase der Atmungskette der Mitochondrien, und ist daher unentbehrlich für die Zellatmung. Die Mitochondrien enthalten daher — um über genügend Cu zu verfügen — noch Kupfer in Form von *Mitochondrocuprein* gespeichert. Dieses Kupferproteid enthält bis zu 3% Cu. Nebennierenmitochondrien enthalten das Fe und Cu enthaltende *Adrenodoxin.* Seine physiologische Aufgabe ist der Elektronentransport für die Hydroxylierung von Steroiden.

Tyrosinase, die sowohl in tierischen Organismen als auch in Pflanzen vorkommt, wird auch als Polyphenoloxidase oder Phenoloxidase bezeichnet. Sie katalysiert 1. die Hydroxylierung von Monophenolen zu Diphenolen, 2. die Dehydrierung von o-Dephinolen zu den entsprechenden o-Chinonen.

Die Kupfer enthaltenden Enzyme sind alle an Redoxprozessen beteiligt, bei denen O_2 als Elektronenacceptor dient. Dabei unterliegt das Cu einem Valenzwechsel $Cu^{2+} + e^- \rightleftarrows Cu^+$.

Neugeborene enthalten in der Leber ein erhebliches Kupferdepot. Der Kupfergehalt der Leber beträgt bei ihnen bis zu 25 mg% gegenüber 0,6–0,8 mg% in der Leber des Erwachsenen. Sie benötigen diesen Kupfervorrat, weil sie kupferarm ernährt werden. Milch enthält nur 20–30 µg Cu/100 ml. Während der Säugeperiode fällt dann die Cu-Konzentration der Leber ab, teils wegen des Verbrauchs bei zu geringer Zufuhr, teils wegen der Zunahme des Lebergewichtes.

Während der Gravidität nimmt der Cu-Spiegel im Plasma stark zu (221 ± 14 µg/100 ml). Im Plasma der Feten ist der Kupferspiegel nur sehr gering (29 ± 3 µg/100 ml).

Führendes Symptom des *Kupfermangels* ist eine *mikrocytäre, hypochrome Anämie,* die durch eine Verwertungsstörung des Eisens zustande kommt. Im Kupfermangel nimmt der Gehalt des Plasma an Coeruloplasmin stark ab, wodurch die mit einer Oxydation des Fe^{2+} zu Fe^{3+} verbundene Bindung des Eisen an Transferrin gestört wird. Das nicht mehr zur Hämoglobinbildung verwertbare Eisen wird dann in erheblichem Umfange in der Leber gespeichert. Nach der Verabreichung von Cu an Cu-verarmte Tiere nimmt der Coeruloplasmingehalt des Plasma innerhalb von wenigen Tagen auf den Ausgangswert und sogar darüber zu, verbunden mit einer Mobilisierung des pathologischerweise in der Leber gespeicherten Eisen.

Kupfermangel führt schon frühzeitig zu einer starken Abnahme des Gehalts der Organe an Cytochromoxidase. Ein auffallendes Symptom des Kupfermangels ist die Depigmentierung des Fells von normalerweise stark pigmentierten Versuchstieren. Ursache ist die Abnahme des

Cu-Enzyms Tyrosinase. Weitere Symptome sind Auftreten von Knochenfrakturen infolge der sich entwickelnden *Osteoporose*, spontane *Ge-
fäßrupturen* und Auftreten von *Aneurysmen*. Diese letzteren Symptome haben als Ursache Störungen der Synthese von Kollagen und
Elastin im Sinne einer Abnahme der Vernetzung bei der Bildung des
Elastin und der Kollagenfibrillen. Bei neugeborenen Lämmern bewirkt
ein Kupfermangel eine Ataxie, die auf eine mangelhafte Myelinisierung
im ZNS zurückzuführen ist, da die Bildung von Phosphatiden durch
die Mikrosomen beeinträchtigt ist und zwar auf der Stufe der Kondensation von Acyl-CoA mit -Glycerophosphat.

Beim Kupfermangel nimmt der Kupferspiegel im Plasma ab. Dabei
ist zu beachten, daß das Plasmakupfer normalerweise eine Tagesschwankung aufweist mit den höchsten Werten zwischen 10 und 14 Uhr und
den niedersten Werten nach 18 Uhr.

Kupfermangelzustände von Weidevieh auf kupferarmen Böden sind
vielfach beschrieben worden.

Die meisten Lebensmittel enthalten rund 1–10 ppm Cu. Bei der
Zubereitung der Nahrung und der industriellen Verarbeitung von Lebensmitteln gelangen nur irrelevante Mengen an Kupfer in die Nahrung.
Die Vermehrung der täglichen Kupferzufuhr von normal 2–5 mg bewirkt eine vermehrte Kupferspeicherung in der Leber. Eine Zunahme
des in der Leber normalerweise vorhandenen Kupfer auf das 30-fache
bewirkt keine toxischen Symptome.

Das am meisten kupferempfindliche Encym ist die K^+-Na^+-abhängige
ATP-ase der Gehirnmikrosomen. Sie wird durch Cu^{2+}-Konzentrationen
ab $1,4 \cdot 10^{-6}$ m gehemmt.

Im chronischen Fütterungsversuch an Versuchstieren werden die ersten
pathologischen Symptome bei einem Kupfergehalt des Futters von
200–300 ppm beobachtet. Die Tiere zeigen dann eine Hyperthyreose
und Porphyrie. Die i.v. Injektion von 50–100 mg $CuSO_4 \cdot H_2O$ je
kg (entspr. 12–25 mg Cu^{2+}/kg) bewirkt Leber- und Nierenschäden.
Beim Menschen wurden noch nie Schäden durch eine zu hohe Kupferzufuhr unter Verwendung der natürlichen Lebensmittel beobachtet.
Gaben von 0,25–0,50 g Kupfersulfat per os wirken beim Menschen eme-
tisch. Todesfälle wurden nach der Aufnahme von 10–20 g Kupfersulfat beschrieben.

3.2.3. Zink

Der *Zinkbestand des Menschen* beträgt 2–4 g. Die meisten Gewebe
enthalten 20–30 ppm im Feuchtgewicht. Manche Gewebe sind jedoch
wesentlich zinkreicher. Die Erythrocyten enthalten 80–160 ppm Zink.

75–85% des im Blut befindlichen Zink entfallen auf die Erythrocyten. Ihr hoher Zinkgehalt ist durch die in ihnen in großer Menge vorkommenden Kohlensäureanhydratase bedingt. Das Zink in den Erythrocyten steht in einem Austausch mit dem Plasma-Zink. Das Skelett speichert Zink. Der Zinkgehalt der Rippen des Menschen wurde – unabhängig vom Lebensalter – zu 181 ± 70 ppm bestimmt. Im Femur von Ratten wurden 380 ± 20 ppm Zn gefunden. Die Epiphysen sind zinkärmer als die Diaphysen.

Die Inselzellen des Pankreas enthalten 100–1000 ppm Zn im Frischgewicht und gehören zu den zinkreichsten Geweben. Im exokrinen Pankreas liegt dagegen der Zinkgehalt nur bei 20–30 ppm. Der hohe Zinkgehalt der Inselzellen beruht darauf, daß das Insulin in den Granula der β-Zellen als polymerer Zinkkomplex gespeichert wird. Der Zinkgehalt des Insulins schwankt innerhalb weiter Grenzen. Die Höhe des Zinkgehaltes hat keinen Einfluß auf die biologische Aktivität des Insulins. Injiziertes ^{65}Zn reichert sich im Pankreas an. Zu den zinkreichsten Geweben gehört auch die Prostata. Ihr Zinkgehalt wurde beim Menschen zu 859 ± 96 pp, im Trockengewicht bestimmt. Die Samenflüssigkeit des Menschen enthält 100-200 ppm Zn.

Der höchste Zinkgehalt wurde in manchen Geweben des Auges festgestelllt. Die Iris kann bis' zu 5000 ppm enthalten, in der Retina betragen die Zinkwerte 500-1000 ppm. In der Iris liegt das Zink als Komplex mit dem Melanin vor. Aus dem Tapetum lucidum wurde ein Zink-Cystein-Komplex isoliert, der vermutlich dort in polymerer Form vorliegt. Seine Bedeutung soll in einer Verbesserung des Dämmerungssehens und in einer Beteiligung bei photochemischen Prozessen liegen.

Tab. 26   Zink enthaltende Enzyme.

Alkoholdehydrogenase	EC Nr.1.1.1.1.
Lactatdehydrogenase	1.1.1.27.
Malatdehydrogenase	1.1.1.37.
Glutamatdehydrogenase	1.4.1.2.
Carboxypeptidase A	3.4.2.1.
Carboxypeptidase B	3.4.2.2.
Nieren-Dipeptidase	
Kohlensäureanhydratase	4.2.1.1.

Zink ist Baustein einiger Enzyme. Eine Reihe anderer Enzyme wird durch Zn^{2+} und andere zweiwertige Kationen aktiviert.

Tab. 27 Durch Zink und andere zweiwertige Kationen aktivierbare Enzyme.

Enzyme	Aktivierende Metallionen
Glycylglycindipeptidase	Zn^{2+}
Alanyl- und Leucyldipeptidase	Zn^{2+}, Pb^{2+}, Cu^{2+}, Mn^{2+}, Sn^{2+}, Cd^{2+}
Glycyl-L-leucinpeptidase	Zn^{2+}, Mn^{2+}
Tripeptidase	Zn^{2+}, Mn^{2+}
Dehydropeptidase	Zn^{2+}
Aminopeptidase	Zn^{2+}, Co^{2+}, Mn^{2+}
Carnosinase	Zn^{2+}, Mn^{2+}
Histidindesaminase	Zn^{2+}, Hg^{2+}, Cd^{2+}
Alkalische Phosphatase	Zn^{2+}, Mg^{2+}, Co^{2+}, Mn^{2+}, Ni^{2+}, Ca^{2+}
Lecithinase	Zn^{2+}, Cu^{2+}, Mg^{2+}, Co^{2+}, Mn^{2+}
Enolase	Zn^{2+}, Mg^{2+}, Mn^{2+}
Oxalessigsäuredecarboxydase	Zn^{2+}, Mn^{2+}, Co^{2+}, Cd^{2+}, Pb^{2+}, Ni^{2+}, Mg^{2+}, Fe^{2+}, Ba^{2+}, Cu^{2+}
Dihydro-orotase	Zn^{2+}
Aldolase (Hefe)	Zn^{2+}, Fe^{2+}, Co^{2+}

In der Rattenleber wurde die folgende Verteilung des Zn auf die Substrukturen festgestellt (in μg Zn/mg N): Cytoplasma 2,0, Zellkerne 0,67, Mikrosomen 0,65, Mitochondrien 0,42.

Im Plasma ist das Zink in zwei Formen an Eiweiß gebunden: 1. in fester Bindung an ein Globulin (etwa 1/3 des Plasma-Zn), 2. in loser Bindung an ein Albumin (etwa 2/3 des Plasma-Zn). Der normale Zn-Gehalt des Plasma beträgt beim Menschen 96 ± 4 μg/100 ml. Er weist ähnlich wie der Cu-Spiegel eine Tagesschwankung mit den höchsten Werten zwischen 10 und 14 Uhr, den niedersten Werten nach 18 Uhr auf. Ausser den Erythrocyten weisen auch die Leukocyten eine hohe Zn-Konzentration auf, die sogar noch höher als die der Erythrocyten ist. In ihnen liegt das Zink in Form eines bisher noch nicht näher charakterisierten Zn-Proteids vor. Das von ihm gebundene Zink steht in keinem Austausch mit dem Plasma-Zn.

Die *Zinkfzufuhren mit der Nahrung* liegen bei uns zumeist zwischen 6 und 22 mg/Tag. Zn-Zufuhren in dieser Größenordnung erlauben eine ausgeglichene bis positive Bilanz. Die Resorption erfolgt im proximalen Teil des Dünndarms. Bilanzversuche und Untersuchungen mit ^{65}Zn haben ergeben, daß die Resorptionsquote des Zn beim Menschen etwa 50% beträgt. Die Ausnutzung des Zn aus ZnO, $ZnCO_3$ $ZnSO_4$ ist praktisch gleich gut. Durch die Anwesenheit von Phytat wird die Zn-Resorption ganz erheblich verschlechtert. Verschlechternd wirken sich auch höhere Zufuhren an Phosphat aus, Chelatbildner verbessern die Resorption. Das Duodenum zeigt die höchste Resorptionsrate. Es folgen in fallender Reihe Jejunum und Ileum. Über den Resorptionsmechanismus ist wenig bekannt. Vermutlich ist kein aktiver Transportmechanismus beteiligt.

Die *Ausscheidung des Zn* erfolgt in erster Linie via Darm. Das in den Faeces ausgeschiedene Zink setzt sich aus dem nicht resorbierten und aus dem in den Darm sezernierten Zink zusammen. Nach der i.v. Injektion von ^{65}Zn werden von der Ratte 70% der Dosis via Darm ausgeschieden. Im Harn scheidet der Mensch bei der üblichen Zinkzufuhr rund 0,5 mg Zn aus. Relativ viel Zn wird durch den Schweiß abgegeben, dessen Zn-Gehalt zu 115 ± 30 µg/100 ml bestimmt wurde. Bei Hitzearbeitern können 2−3 mg Zn/Tag durch den Schweiß verloren werden.

t/2 von injiziertem ^{65}Zn wurde beim Menschen zu 154 Tagen bestimmt. Das Skelett gibt außerordentlich langsam das von ihm gespeicherte Zn ab. Bei der Ratte sind 30 Minuten nach der i.v. Injektion von ^{65}Zn nur noch 40% der Aktivität im Blut enthalten. Ein Gleichgewicht zwischen dem Plasma-Zn und dem Zn in den meisten Organen wird nach einigen Stunden erreicht, mit der Ausnahme vom Skelett, das sehr schnell 11−15% des injizierten ^{65}Zn aufnimmt aber dann lange Zeit retiniert. Die Turnover-Rate von ^{65}Zn ist beim Menschen am kürzesten für die Leber, die Milz und die Nieren.

Zinkmangel bedingt bei jungen Tieren Wachstumsverzögerungen, die durch den verminderten Futterverzehr bedingt sind. Solche Wachstumsverzögerungen treten bei jungen Ratten dann auf, wenn das Futter weniger als 10−12 ppm Zink enthält. Bei einem hochgradigen Zinkmangel gehen die Versuchstiere innerhalb weniger Wochen zu Grunde. Bei jungen Ratten ist dies der Fall, wenn ihr Futter nur 2−4 µg Zn/Tag enthält. Die chemische Untersuchung der Tiere ergibt einen verminderten Zn-Gehalt, vor allem des Skeletts, weniger der weichen Gewebe. Man findet die Verminderung der Aktivität mancher Enzyme, und zwar am stärksten bei der alkalischen Phosphatase aller Organe, ferner der anorg. Pyrophosphatase und der Kohlensäureanhydratase. Die Oxydation der Hauptnährsubstrate Kohlenhydrate, Fette und Proteine ist im Zinkmangel nicht beeinträchtigt.

Die *Hauptsymptome des Zinkmangels* betreffen die *Haut, das Skelett* und die *Fortpflanzung.* Die Haut zeigt Hyperkeratosen und Parakeratosen. Verbunden mit den Hautläsionen sind Haarausfälle bzw. bei Vögeln verminderte Federbildung. Die Aufnahme von ^{35}S-Cystein in die Haut beträgt beim Zinkmangel nur etwa 30% der Norm. Die Knochenveränderungen werden vor allem bei Vögeln beobachtet. Küken weisen Verkürzungen und Verdickung der Tarsalknochen auf. Die embryonale Bildung der langen Röhrenknochen ist weitestgehend gestört.

Bei jungen Säugetieren bewirkt ein Zinkmangel einen schweren Hypogonadismus. In den Testes atrophiert das Keimepithel und die Entwicklung von Epididymis und Prostata ist verzögert. Ursache ist vermutlich eine durch den Zinkmangel verursachte Verminderung der Sekretion der Gonadotropine. Bei den Weibchen (Ratte) bedingt ein schwerer Zinkmangel einen ständigen Anöstrus, so daß keine Konzeption erfolgen kann. Setzt der Zinkmangel erst während der Tragezeit ein, so wirkt er teratogen, verbunden mit einer hohen Resorptionsrate der Feten. Die geworfenen Jungen· sind lebensunfähig und sterben kurze Zeit nach der Geburt. Sie weisen nur etwa 40% des normalen Zinkbestandes auf.

Beim Menschen nimmt im Zinkmangel der Gehalt der Haare an Zink ab, was zur Diagnose eines Zinkmangels verwertbar ist. Der Normalwert beträgt $119,4 \pm 5,5 \mu g/g$ Haar.

Zu hohe Zinkzufuhren wirken toxisch. Bei der Ratte beobachtet man Wachstumsverzögerungen, eine mikrocytäre Anämie, einen stark verminderten Gehalt der Leber an Eisen und Kupfer sowie eine beträchtliche Ablagerung von Zink in der Leber. Versuche mit markierten Substanzen weisen darauf hin, daß Zink keinen Einfluß auf die Resorption von Eisen und Kupfer hat, jedoch die Verwertung der beiden Elemente durch den Organismus stört und zu einer vergrößerten Ausscheidung derselben führt. Die Aktivität der Xanthinoxidase in der Leber wird vermindert, jedoch ohne daß der Molybdängehalt des Organs sich ändert. Neben der Hämoglobinverminderung wurden noch folgende biochemischen Veränderungen durch zu hohe Zinkmengen beschrieben: Abnahmen der Aktivität der Cytochromoxidase und der δ-Lävulinsäure-Dehydratase in der Leber, ferner Störungen des Calcium- und Phosphathaushaltes, verbunden mit einer Abnahme des Gehalts der Knochen an diesen Ionen. Die Ursache dürfte in einer Beeinträchtigung der Resorption zu suchen sein. Die geschilderten Symptome treten auf, wenn der Zinkgehalt des Futters 0,5% und mehr beträgt. Bei Schweinen verursacht die Verfütterung großer Zinkmengen Appetitlosigkeit und Steifheit der hinteren Extremitäten. Die Leber wies bei diesen Tieren Nekrosen auf, außerdem fanden sich Skelettveränderungen. Größere Zinkmengen werden im Skelett, in der Leber, Niere und Pankreas gespeichert. Bei der Ratte vermindert die Verfütterung von Sojaprotein die Toxicität hoher Zinkzufuhren, vermutlich infolge Chelatbildung. Verfütterung von Casein hat diese Wirkung nicht. Eine Vergrößerung der Kupferzufuhr bewirkt eine geringe, jedoch signifikante Abschwächung der Wirkung toxischer Zinkgaben.

3.2.4. Mangan

Der *Manganbestand des Menschen* beträgt etwa 10—40 mg. Die höchste Mangankonzentration (3,5 ppm) weist der Knochen auf, gefolgt von der Hypophyse, Milchdrüse und Leber, die, bezogen auf das Frischgewicht, 1,3 ppm Mn enthält. Die Lungen enthalten 0,4 ppm, das Gehirn 0,1 ppm. In den Leberzellen findet sich der größte Teil des Mangans in den Mitochondrien. In Versuchen mit ^{54}Mn wurde auch eine Anreicherung von Mn in den Zellkernen festgestellt. Das Plasma des Menschen enthält 0,18–0,31 ppm Mangan und zwar an ein spezifisches Protein (Transmanganin) gebunden. Die Erytrocyten sind mit 0,9–1,65 ppm manganreicher als die Blutflüssigkeit.

Mn^{2+} aktiviert eine Reihe von Enzymen, die auch durch andere zweiwertige Kationen aktivierbar sind (Tabelle 27). Am bekanntesten ist die Aktivierung der Arginase durch Mn^{2+}. Pyruvatcarboxylase (6.4.1.1.) ist ein Manganproteid, das je Biotinmolekül 4 Atome Mn fest gebunden enthält. Eine Aktivierung dieses Enzyms kann aber auch durch Mg^{2+} erfolgen, jedoch ohne daß Mg^{2+} das fest gebundene Mn^{2+} ersetzen kann. Mn^{2+} kann Mg^{2+} in der Ribonuclease ersetzen.

Eine ausgeglichene, ja leicht positive Manganbilanz wurde schon bei Zufuhren von 2,78 mg/Tag beobachtet. Hinweise, daß bei der üblichen Ernährung der Manganbedarf des Menschen nicht gedeckt wird, haben sich bisher nicht ergeben. Nach Angaben der Literatur schwankt die Tagesaufnahme an Mangan zwischen 2 und 48 mg. Mangan wird gut resorbiert und zwar etwa proportional der Zufuhr. Über den Mechanismus der Resorption ist nichts bekannt.

Mangan wird zum größten Teil durch den Darm ausgeschieden und zwar in der Norm via Galle. Die Ausscheidung durch die Galle bildet einen hömöostatischen Mechanismus, der eine Überladung des Organismus mit Mn verhütet. Bei Vergrößerung der Zufuhr tritt neben die Ausscheidung via Galle noch eine Ausscheidung direkt in den Darm. Versuche an Ratten, denen $^{54}Mn^{2+}$ i.v. injiziert wurde, haben ergeben, daß bei hohen Dosen die Ausscheidung in fallender Größe direkt in das Duodenum, Jejunum und Ileum erfolgt. Im Harn werden im Tag etwa 0,2 mg ausgeschieden. Im Schweiß findet man im Durchschnitt rund 0,06 mg/l.

Eine *mangelnde Manganzufuhr* bedingt schwere Ausfallserscheinungen. Manganarm ernährte Tiere werden steril. In den Testes findet man eine Degeneration der Samenkanälchen und ein Erlöschen der Spermatogenese. Über den Angriffspunkt des Mangans in den Testes ist jedoch noch nichts Näheres bekannt. Werfen manganarm ernährte Weibchen noch Junge, so gehen diese rasch zu Grunde, weil sie nicht saugen können. Mangan ist zur Entwicklung des Skeletts notwendig, Manganmangel hat keinen Einfluß auf die Verkalkung. Er greift bei der Bildung der organischen Matrix an. Manganmangel verhindert eine ausreichende Bildung von Hexosaminen, Hexuronsäuren und Chondroitinsulfat. Als Angriffspunkte des Mn bei der Bildung der Mucopolysaccharide wurde die Beteiligung des Mn beim Transfer von Galactose auf UDP-N-Acetylgalactosamin wahrscheinlich gemacht. Die Skelettveränderungen durch Manganmangel sind besonders bei Vögeln auffallend. Hühner reagieren mit einer Verkürzung der Flügel- und Beinknochen („Perosis"). Küken aus Eiern manganarm ernährter Hennen zeigen eine schwere Chondrodystrophie.

Ein weiteres, sehr auffallendes Symptom des Manganmangels ist die kongenitale Ataxie, die bei Nachkommen von manganarm ernährten Säugetieren und Vögeln auftritt. Dieses Symptom wird durch einen Defekt bei der Bildung der Statolithen (Otolithen) des Bogengangapparates des Innenohres erzeugt. Die Statolithen bestehen aus einer Mucopolysaccharid-Protein-Matrix, in die Calciumcarbonat in der Kristallform des Calcit eingelagert ist. Auch hier greift der Manganmangel in die Bildung der organischen Matrix durch die Störung der Mucopolysaccharid-Synthese ein.

Neben den erwähnten Symptomen findet man im Manganmangel auch eine Abnahme der Aktivität von Enyzmen, die durch Mn^{2+} aktiviert werden, vor allem der Arginase und der alkalischen Phosphatase.

Die gut funktionierende Homöostase des Mangan bewirkt, daß Mn ein relativ untoxisches Element ist und erst bei Zufuhr sehr großer Mengen schädliche Wirkungen entfaltet. Bei einer Manganzufuhr von 1,73% der Futtertrockensubstanz zeigten Ratten Wachstumsverzögerungen, Rachitis-ähnliche Störungen der Knochenverkalkung sowie negative Calcium- und Phosphatbilanzen, vermutlich bedingt durch eine Verminderung der Resorption dieser Ionen. Bei einer Zufuhr von 1—2 mg Mn/g Futter wird die Resorption des Eisen beeinträchtigt, was zu einer Verminderung der Eisenbestände und zum Auftreten einer Anämie führt. Mangan greift auch in den Kupferstoffwechsel ein. Verabreichung großer Dosen Mangan bewirken bei der Ratte eine Vermehrung des Kupfergehaltes des Blutplasma und des Gehirns, verbunden mit dem Auftreten einer mikrocytären Anämie. Die Kupferausscheidung wird vermindert.

3.2.5. Cobalt

Der *Cobaltbestand des Menschen* beträgt 1—2 mg. Die meisten Organe enthalten 2—4 µg Co/100 g, der Muskel rund 1 µg/100 g, das Plasma 0,29 µg/l. In der Niere ist Co auf das Doppelte bis Dreifache des Gehaltes der anderen Organe angereichert. Für den Menschen und die Nichtwiederkäuer ist Cobalt als solches kein essentielles Spurenelement. Essentiell für sie ist nur Cobalt als Bestandteil des Vitamin B_{12}. Ein alimentärer Cobaltmangel läßt sich daher nicht erzeugen.

Die Angaben über die Tageszufuhr an Cobalt für den Menschen divergieren beträchtlich. Nach *Schröder* (24) beträgt die Co-Zufuhr in den USA im Mittel 75 µg/Tag. Die für die Bundesrepublik geschätzten Zahlen von im Mittel 920 µg/Tag sind sicherlich viel zu hoch. Bei einer Tageszufuhr von 5,6–7,6 µg/Tag wurde bei Frauen und Mädchen eine ausgeglichene bis leicht positive Co-Bilanz beobachtet.

Bei physiologischen per os gegebenen Cobaltmengen wurde eine Resorptionsquote von 70–97% festgestellt. Über den Mechanismus der Resorption ist nichts Sicheres bekannt. Nach Verabreichung größerer Mengen ist die Resorptionsquote nur gering. Das via Darm ausgeschiedene Cobalt ist teils der Resorption entgangenes, teils direkt oder durch die Galle in den Darm sezerniertes Co. Der Chelatbildner Äthylendiamintetraacetat, der die Resorption vieler Metallionen z.B. von Zink verbessert, verschlechtert die Resorption von Co^{2+} bei Hühnern. Injiziertes $^{60}Co^{2+}$ wird zu etwa 60% durch die Niere ausgeschieden. Das $^{60}Co^{2+}$ wird zunächst in der Leber und im Pancreas gespeichert, nach etwa 24 Stunden hat sich dann der Cobaltgehalt aller Organe weit-gehend aneinander angeglichen. Eine länger dauernde Speicherung findet nur in den Nebennieren, im Knochenmark und in der Thymusdrüse statt. Die biol. t/2 von $^{60}Co^{2+}$ wurde bei der Ratte zu 23 Tagen bestimmt.

Co^{2+} bildet mit Aminen, Aminosäuren und Nucleinsäuren Komplexe. Es aktiviert, wie auch andere zweiwertige Kationen, eine Reihe von Enzymen (Tabelle 27).

Wiederkäuer benötigen die Zufuhr von Cobalt zur Synthese von Vitamin B_{12} durch ihre Rumen-Bakterien. Ihr Cobaltbedarf ist gedeckt, wenn das Futter 0,08–0,1 ppm Co enthält. Parenteral verabreichtes Co kann nicht zur Synthese von Vitamin B_{12} verwendet werden.

In manchen Teilen der Erde gibt es cobaltarme Böden. Vieh, das in cobaltarmen Regionen weidet, erkrankt an Cobalt-Mangelzuständen. Hauptsymptome sind eine mikrocytäre oder normocytäre Anämie, Teilnahmslosigkeit und starke Abmagerung infolge ungenügender Futteraufnahme. Der Gehalt des Blutes und der Organe an Vitamin B_{12} sinkt laufend ab. Die Schwere der Erkrankung geht dem Cobalt-Defizit der Nahrung parallel. Die Mangelerkrankung tritt dann auf, wenn der Co-Gehalt des Bodens unter 2–3 ppm gelegen ist.

Durch relativ kleine Cobaltgaben kann man eine Polycythämie und Steigerung der Hämoglobinbildung erzeugen. Bei der Ratte beträgt die hierfür erforderliche optimale Dosis bei s.c. Injektion 0,2 mg Co/kg/Tag für einige Wochen. Der Mechanismus der Wirkung des Co ist nicht geklärt. Am meisten werden diskutiert eine Förderung der Bildung von Erythropoietin sowie eine direkte Stimulierung des Knochenmarks. Eine Cobalttherapie der Anämie hat sich beim Menschen nicht durchgesetzt und zwar teils wegen der schwächeren polycythämischen Wirkung beim Menschen und teils wegen der mitunter auftretenden Nebenwirkungen.

Co^{2+}-Konzentrationen von über 25 ppm bewirken in vitro eine Hemmung der Zellatmung. Versuche an isolierten Mitochondrien haben gezeigt, daß der Angriff der Cobaltwirkung bei der oxydativen Decarboxylierung der α-Ketoglutarsäure bzw. des Pyruvat gelegen ist. Ursache ist eine irreversible Komplexbildung des Co mit den SH-Gruppen der Dihydroliponsäure. Die Blockierung der Liponsäure ist vermutlich auch die Ursache der Verstärkung der toxischen Wirkungen von Äthanol durch Co^{2+}.

Die längere Verabreichung von 8 mg $CoCl_2$/kg/Tag hat eine goitrogene Wirkung, die auch schon beim Menschen beobachtet wurde. Nach Untersuchungen beim Meerschweinchen bewirkt Cobalt eine Vergrößerung der Schilddrüse, eine Hyperplasie des Epithels und eine Abnahme des Kolloid-Gehaltes.

Die Injektion von 0,4–0,5 mg $CoCl_2$ in Hühnereier am vierten Bebrütungstage ergab eine geringe teratogene Wirkung.

3.2.6. Vanadium

Daß Ascidien ein Vanadium enthaltendes, O_2 transportierendes Blutpigment enthalten, ist schon lange bekannt. Die Ascidien enthalten rund 1000 mg V/kg Trockensubstanz. In der neuesten Zeit wurde nachgewiesen, daß Vanadium auch für den höheren tierischen Organismus eine physiologische Bedeutung hat. Zulagen von Vanadium zum Futter extrem Vanadium-arm ernährter Ratten verbesserte das Wachstum der Tiere (29). Ein optimales Wachstum wurde erreicht, wenn das Futter der Tiere 0,5 ppm V in Form von Natriumvanadat (Na_3VO_4) enthielt. Metavanadat (VO_3^-) war weniger wirksam und Pyrovanadat ($V_2O_7^{4-}$) erwies sich als praktisch unwirksam. Schwach wirksam war Vanadylacetat $VO(CH_3 \cdot COO)_2$. Auch für Hühner wurde nachgewiesen, daß Vanadium zum optimalen Wachstum und vor allem zur Entwicklung des Federkleids notwendig ist. Optimale Verhältnisse wurden bei Zulagen von 2 ppm Ammoniummetavanadat (NH_4VO_3) zum Futter der Küken bei einer extrem vanadiumarmen Ernährung beobachtet. Bei einer vanadiumarmen Ernährung nimmt der Gehalt des Organismus an Vanadium stark ab.

Tab. 28   Vanadiumgehalt von Hühnern.

Organ	Vanadium in ppb	
	Bei V. armer Ernährung	Zulage von 2 ppm Ammoniumvanadat
Herz	1,6–4,3	14– 44
Leber	1,7–5,5	180–230
Niere	0,7–4,0	590–760

Vanadium wird vor allem in Nieren, Leber, Milz und Testes gespeichert, am stärksten in der Schilddrüse die bis zu 17,6 ppm V im Feuchtgewicht aufweisen kann. In der Leber von Küken verteilt sich i.v. injiziertes ^{48}V zu etwa gleichen Teilen (37—46%) auf Zellkerne und Mitochondrien, während Mikrosomen und Cytoplasma nur wenig Vanadium aufnehmen. Nach der Injektion von ^{48}V wurden innerhalb von 24 Stunden 41,5 ± 0,58% der Dosis im Harn, 1,5 ± 0,38% in den Faeces ausgeschieden.

Bei Ratten mit experimenteller Zahncaries hatten Zulagen von 0,03—0,09 ppm V im Trinkwasser eine deutlich den Cariesbefall reduzierende Wirkung. Verfütterung von 2 ppm V bewirkte bei Hühnern eine — wenn auch nicht hochgradige — Erhöhung des Plasma-Cholesterinspiegels gegenüber den V-frei aufgezogenen Tieren.

Die lebenslängliche Verfütterung von 5 ppm V in Form von Vanadylsulfat hatte bei Ratten keine toxischen Wirkungen, gemessen an Wachstum, Allgemeinbefinden, Lebenserwartung und Tumor-Rate. Verfütterung von 25 ppm V an Hühner bewirkte eine Entkopplung der oxydativen Phosphorylierung.

Der *Vanadium-Bestand des Menschen* wurde zu 17—43 mg bestimmt. Der V-Bedarf einer Ratte von 75 g Körpergewicht beträgt 1—2 µg/Tag. Umgerechnet auf den Menschen ergäbe dies einen V-Bedarf von 1—2 mg/Tag. Die vorliegenden Analysen der Nahrung haben ergeben, daß solche Mengen Vanadium täglich aufgenommen werden.

3.2.7. Chrom

Der *Chrombestand des Menschen* weist große geographische Unterschiede auf. Sie sind alimentär bedingt und zwar teils durch den unterschiedlichen Chromgehalt der Böden und damit der Nahrungspflanzen, teils durch die Nahrungswahl. Der mittlere Chrombestand wird in den USA zu 6 mg, in Afrika auf 7,4 mg, im nahen Osten auf 11,8 mg und im fernen Osten auf 12,4 mg geschätzt. In den USA haben die Tiere und zwar sowohl die wildlebenden als auch die Haustiere höhere Chromkonzentrationen in den Organen. Auch innerhalb der USA sind beträchtliche Unterschiede hinsichtlich der Chromgehalts der Bewohner vorhanden. Das Lebensalter hat einen gewissen Einfluß. In der Leber und in der Niere ist die Chromkonzentration zunächst bis zum 10. Lebensjahr relativ hoch und nimmt dann ab. Der Abfall erfolgt schon in den ersten Lebensmonaten in Aorta, Herz, Lungen und Milz. Den höchsten Chromgehalt weist die Haut auf, die in USA 2 mg enthält, 0,9 mg befinden sich im Muskel. Manche Partien des Gehirns, vor allem der Nucleus caudatus, akkumulieren Chrom.

Tab. 29   Mittlerer Chromgehalt der Organe von Tieren und
Menschen in den USA. (*Schroeder* 25).

Organ	μg Cr/g Feuchtgewicht	
	Tiere	Mensch
Leber	0,16	0,02
Niere	0,18	0,03
Herz	0,14	0,02
Lunge	0,24	0,20
Milz	0,48	0,02
Muskel	0,11	0,03
Magen	0,04	0,03
Plcenta	0,07	0,42

Die Chromkonzentration im Blut ist zumeist zwischen 20 und 50 ppb gelegen. Das im Plasma befindliche Chrom steht nicht mit dem in den Organen gespeicherten Chrom in einem Gleichgewicht sondern spiegelt im Wesentlichen die Höhe der Zufuhr während der letzten Zeit wieder. Werte unter 20 ppb weisen auf eine ungenügende Chromzufuhr hin im Sinne eines mäßigen Chrom-Mangels. Der Chromgehalt der Haare beträgt 0,2–20 ppm und ist ein guter Hinweis für den alimentären Chrom-Status. Der Abfall von ^{51}Cr nach iv. Injektion von ^{51}Cr^{3+} läßt sich durch 3 Exponentialfunktionen mit den Halbwertszeiten von 0,5, 5,9 und 83,4 Tagen beschreiben. Chrom findet sich bei niederen Cr-Zufuhren im Plasma an Siderophilin gebunden; bei höheren Zufuhren, wenn die Bindungsstellen des Siderophilin für Cr gesättigt sind, wird Chrom auch noch an andere Blutproteine gebunden. Chrom dringt leicht in die Erythrocyten ein, wovon man zur Markierung von Erythrocyten Gebrauch macht.

Die Chromzufuhr mit der Nahrung kann innerhalb weiter Grenzen schwanken, etwa zwischen 5 und 200 μg/Tag. Chromarme Lebensmittel sind Fische, Weißbrot bzw. andere aus Weißmehl hergestellte Teigwaren und Zucker. Chromreich sind Fleisch, Vollkornerzeugnisse, Honig. Der Chromgehalt von Obst und Gemüse hängt stark von regionalen Gegebenheiten ab (Chromgehalt der Böden und des Wassers). Die durchschnittliche Tageszufuhr an Chrom wurde in Japan zu 130–140 μg bestimmt, bei Vegetariern in Indien zu 11–55. Die Aufnahme von Chrom aus dem Trinkwasser kann zwischen 0 und 40 μg/Tag schwanken. In chromarmen Gegenden verbessert Düngung unter Zugabe von 100 g Cr/ha das Pflanzenwachstum.

Cr^{3+} wird schlecht resorbiert. Die Resorptionsrate beträgt im Mittel nur 0,5%. Cr^{VI} wird besser resorbiert, beim Menschen zu etwa 2–2,5%, bei der Ratte zu 3–6%. Chrom wird praktisch ausschließlich durch die Niere ausgeschieden. Das in den Faeces enthaltene Chrom repräsentiert hauptsächlich den nicht resorbierten Anteil. Das im Blut in dialysabler Form enthaltene Chrom wird durch das Glomerulum der Niere filtriert und bis zu 63% in den Tubuli reabsorbiert. Im Harn ist das Chrom in dialysabler Form vorhanden.

Chrom liegt im Organismus in Form von Cr^{III} vor und zwar als ein noch nicht identifizierter Komplex, der als „Glucose-Toleranz-Faktor" biologisch aktiv ist. Der Faktor wurde aus Bierhefe und Nieren extrahiert. Biologisch aktiv sind auch Cr-Salze und synthetische Cr^{III} enthaltende Komplexe. Cr^{IV} wird im Organismus rasch zu Cr^{III} reduziert, wie Versuche in vitro ergeben haben. Als Glucose-Toleranz-Faktor (aus Hefe) mit ^{51}Cr markiert, wurde bei der Ratte eine Resorptionsquote von 10–25% festgestellt. In der Leber findet man 49% des Cr im Zellkern, 23% im Cytoplasma.

Cr^{3+} stabilisiert die Tertiärstruktur von Proteinen und Nukleinsäuren und aktiviert daher manche Enzyme, Besonders ist die Aktivierung der Phosphoglucomutase durch 10^{-5} M Cr^{3+} im Zusammenhang mit der Wirkung des Chrom als Glucose-Toleranz-Faktor zu erwähnen.

Nach der Aufnahme von Glucose wird Chrom aus den Depots des Organismus mobilisiert, so daß der Chromspiegel im Blut etwa parallel zum Blutzuckeranstieg erhöht wird, was dann auch zu einer erhöhten Ausscheidung von Chrom im Harn Anlaß gibt. Versuche in vitro haben in allen untersuchten Systemen ergeben, daß Zugabe von Chrom die Wirksamkeit von Insulin steigert, Zugabe von 1–10 µg/l Cr zu dem Inkubationsmedium von isolierten Geweben bewirkt eine signifikante Erhöhung von Glucoseverbrauch, Glucoseoxydation, Einbau von Glucose-C in Fettsäuren, Verbesserung des Zuckertransports durch Zellmembranen, Verwendung von Aminosäuren zur Proteinsynthese u.a.m. Chrom bildet einen ternären Komplex mit Insulin und den Insulinrezeptoren der Zellmembran bzw. der intracellulären Membranen. Im Tierversuch ließ sich zeigen, daß Zustände mit einer verminderten Glucose-Toleranz mit einem Mangel an Chrom einhergehen. Erfahrungen am Menschen haben ergeben, daß Fälle von gestörter Glucosetoleranz, von leichten nur im Belastungstest nachweisbaren Störungen bis zum milden klinischen Diabetes, vor allem auch bei der im Alter herabgesetzten Glucosetoleranz mit einem relativen Mangel an Chrom einhergehen und auf Gaben von Chrom mit einer Erhöhung der Glucosetoleranz ansprechen.

Tierexperimentell läßt sich durch eine extrem chromarme Ernährung ein schwerer *Chrommangelzustand* erzeugen. Eine für diese Zwecke geeignete Diät besteht z.B. aus 50% Saccharose, 30% Torulahefe, 15% Schmalz und 5% Salzmischung + Vitamine. Symptome eines schweren Chrom-Mangels sind, abgesehen von der Verminderung der Glucose-toleranz bis zu einem Diabetes ähnlichen Zustand, Wachstumsstörungen, vermehrte Aortenläsionen und Verminderung der Verwendung von Aminosäuren zur Proteinsynthese. Bei einer *Kombination von Chrom-Mangel und Protein-Mangel* entwickeln sich Linsentrübungen und Vascularisierung der Cornea. Bei einer nicht optimalen Chrom-Zufuhr verbessern Zulagen von Chrom (5 ppm Cr^{3+} im Trinkwasser) die Lebensdauer von Ratten. Bei einer eine Hypercholesterinämie erzeugenden Diät hatten Zulagen von Chrom (5 ppm Cr^{3+}) im Trinkwasser eine den Blutcholesterinspiegel senkende Wirkung, wenn als Nahrungskohlenhydrat Stärke gegeben wurde, nicht jedoch, wenn das Nahrungskohlenhydrat aus Saccharose bestand. Zur Normalisierung des Glucosestoffwechsels im Chrom-Mangel benötigen Ratten Zulagen von $0,5-1,0$ µg Cr/kg Körpergewicht.

Cr^{VI} wirkt in größeren Dosen stark toxisch. Bei der chronischen Verfütterung von 50 ppm im Futter von Ratten ergaben sich Wachstumsverzögerungen, ferner Leber- und Nierenschäden. Cr^{III} ist wesentlich weniger toxisch. 100 ppm Cr^{3+}-Komplexe ergaben bei der chronischen Verfütterung an Katzen und Ratten keinen Hinweis auf eine schädliche Wirkung.

3.2.8. Selen

Der *Selenbestand des Menschen* beträgt im allgemeinen 10–15 mg. Beim Erwachsenen pflegt der Se-Gehalt der Organe 0,1–0,4 ppm zu betragen mit Ausnahme der Gonaden mit 0,47 ppm, der Niere mit 0,60–0,65 ppm und der Schilddrüse mit 1,20–1,25 ppm. Im Plasma findet man im Mittel 0,10–0,15 ppm Se.

Pflanzliche Lebensmittel enthalten 0,07–1,0 ppm Se bezogen auf die Trockensubstanz. In der Bundesrepublik wurden – bezogen auf die Trockensubstanz – gefunden: im Fleisch im Mittel 0,27, in der Leber 0,44, in den Nieren 2,6–8,9, in Süßwasserfischen und Seefischen 1,25–2,0 ppm, in Vollmilchpulver 0,14 und in Volleipulver 1 ppm Se. Bei der Zubereitung der Nahrung entstehen nur geringe Se-Verluste.

Die *Selenaufnahme des Menschen* liegt zumeist im Bereich von 0,05 –0,1 mg/Tag. Über den Mechanismus der Resorption des Se ist nur wenig bekannt. Bei Versuchen mit der Technik des umgestülpten Darmsacks wurde von allen untersuchten Selenverbindungen nur Selenomethionin gegen einen Konzentrationsgradienten aufgenommen. Die meisten Selenverbindungen werden rasch resorbiert. Die Resorption von Selenit erwies sich als relativ langsam. Am raschesten werden die in den Cerealien vorkommenden organischen Selenverbindungen (Faktor 3?) resorbiert. Das resorbierte Selen wird dann im Plasma transportiert und rasch auf die Organe verteilt.

Der Stoffwechsel des Selen wurde vielfach unter Verwendung von ^{75}Se untersucht. Injiziertes ^{75}Se-Selenit wird zunächst an Albumin gebunden, später jedoch von den ß- und γ-Globulinen übernommen. Die Aufnahme und Verteilung auf die Organe erfolgt unabhängig von Tocopherol. Bei der Maus wurden innerhalb von 48 Stunden nach der Verabreichung von ^{75}Se-Selenit 65,5% der Dosis im Harn, 10,5% in den Faeces und 7,5% in der Atemluft, zusammen also 83,5% ausgeschieden. Von den Organen nimmt vor allen die Leber Se auf. In der Ratten-leber ergab sich 24 Stunden nach einer s. c. Injektion von ^{75}Se-Selenit die folgende Verteilung auf die Substrukturen: 2,7% in den Zellkernen, 31,0% in den Mitochondrien, 8,9% in den Mikrosomen und 54,6% im Überstehenden. Untersuchungen zu verschiedenen Zeiten nach der In-jektion lassen vermuten, daß das Selen zunächst von den Mikrosomen aufgenommen und von ihnen nach Bindung an Protein in die anderen Kompartimente gebracht wird. Für das Gesamttier (Ratte) läßt sich der Abfall der Aktivität durch 2 Reaktionen erster Ordnung beschreiben. Zuerst erfolgt eine rasche Ausscheidung durch Harn, Atemluft und Galle, aus der sich für das „labile" Selen eine biologische t/2 von 12–16 Tagen ergibt. In einer zweiten Phase wird das „fixierte", an Eiweiß gebundene Selen langsam im Verlaufe von Monaten ausgeschieden. t/2 dieser Fraktion wurde zu 70 Tagen bestimmt.

Insgesamt werden 40–60% des verabreichten Se (sei es als ^{75}Se-Se-lenit oder ^{75}Se-Selenomethionin) in Form von $(CH_3)_2Se$ ausgeatmet. Da Dimethyselenid wesentlich weniger toxisch als Selenit oder Seleno-methionin ist, kann man die Ausscheidung von Dimethylselenid durch die Lunge als einen wirkungsvollen Entgiftungsprozeß betrachten.

Selen wird vom Organismus anstelle von Schwefel in Cystin und Methionin eingebaut. Infolgedessen erscheint es in Proteinen, Lipopro-teiden, Enzymen, Cytochromen u. dgl. Nach Gabe von Brombenzol wurde es auch in den ausgeschiedenen Mercaptursäuren nachgewiesen. Der Einbau von Se in Enzyme (Beispiel Aldolase) und Myosin hatte keinen Einfluß auf die biologische Aktivität dieser Proteine. Selen wird – wie viele andere Spurenelemente – in den Haaren gespeichert. Eine Korrelation zwischen Höhe der Selenaufnahme und der Se-Kon-zentration in den Haaren wurde jedoch nicht festgestellt.

Selen durchdringt die Plazentarschranke. Beim Schaf wurde aber kein Gleichgewichtszustand zwischen dem mütterlichen und fetalen Selen festgestellt. Selen geht in die Milch über, wo es in die Milchproteine eingebaut vorgefunden wird. In die Erythrocyten eingebautes Selen ver-bleibt in ihnen für ihre gesamte Lebensdauer.

Arsen verstärkt die Selenausscheidung in die Galle und vermindert daher den Gehalt des Organismus an Selen.

Normalerweise beträgt die Se-Konzentration im Harn beim Menschen 0,02–0,03 ppm. Konzentrationen von 0,1 ppm weisen auf eine (meist gewerbliche) Selen-Intoxikation hin. Bei der Ratte wurde festgestellt, daß es eine Schwelle gibt, ab welcher die Ausscheidung von Selen im Harn proportional der Zufuhr wird. Sie wurde bei der Ratte zu 0,054 −0,084 ppm Se im Futter bestimmt. Unterhalb dieser Schwelle besteht keine Proportionalität mehr.

Die natürliche Form des Se im Organismus („Faktor 3") ist unbekannt. Das in Form von Selenit oder anderen anorganischen Verbindungen aufgenommene Se wird im Organismus in diese „aktive" Form übergeführt.

Selen wirkt im Organismus als wasserlösliches Antioxydans. Es hat daher mancherlei Beziehungen zu den Tocopherolen und auch in manchen Bereichen zu den S-haltigen Aminosäuren, zum Mindesten im Sinne einer synergistischen Wirkung. Die ältere Literatur ist stark mit Untersuchungen belastet, in denen sowohl die Selenzufuhr als auch die Tocopherolzufuhr zu gering gehalten wurde und in denen daher eine Abgrenzung der Wirkung beider Substanzen nicht möglich war. Dies betrifft vor allem das Problem Lebernekrose. Den gegenwärtigen Stand des Wissens gibt die folgende Aufstellung wieder:

I. Reine Tocopherolmangelzustände, bei denen Selen daher ohne Wirkung ist:
   1. durch Peroxydation bedingt:
      Encephalomalacie der Vögel
      durch Dialursäure erzeugbare Erytrocytenhämolyse
      Verfärbung von Fett, Bildung von Ceroid und Lipofuscin
      Resorptionssterilität (Ratte und andere Species)
      Depigmeentierung der Schneidezähne (Ratte)
      Schwellen von Mitochondrien
   2. auf andere Weise durch Tocopherolmangel bedingt:
      Muskeldystrophie (Ratte, Maus, Meerschweinchen, Affe, Huhn, Ente)
      Testes-Degeneration
      Affen-Anämie

II. Mangelzustände, bei denen Tocopherol durch Selen ersetzt werden kann bzw. Selen unterstützend wirken kann:

      Lebernekrose (zumeist bei der Ratte untersucht)
      Exsudative Diathese bei Vögeln
      Muskeldystrophie bei Lamm, Kalb, Truthahn.
      Durch Ascorbinsäurezusatz bedingte Hämolyse und Oxydation des Hämoglobin. Hier haben Tocopherol und Selen unterschiedliche Angriffspunkte: Tocopherol durch Stabilisierung der Membran, Selen durch Erhaltung der Verwertung von Glutathion.

Für die unter II aufgeführten Mangelzustände wurde auch schon postuliert, daß Tocopherol die Aufgabe habe, dem Selen im Organismus einen Schutz zu verleihen (14).

Neuere Untersuchungen über die chronische Verfütterung einer extrem Se-armen Diät (0,02 ppm im Futter von Ratten) bei einer guten Versorgung mit Tocopherol ergaben jedoch nur geringe Hinweise auf wesentliche Wirkungen des Selen. In diesen Fütterungsversuchen fiel die Konzentration des Se in den Organen im Verlaufe von 20 Wochen auf sehr tiefe Werte ab, z.B. in der Leber von 0,60 ppm auf 0,04 ppm, im Plasma von 0,33 ppm auf 0,05 ppm. Irgend welche klinische Symptome oder histologisch nachweisbare Veränderungen der Organe wurden nicht beobachtet. Jedoch waren die von den Tieren geworfenen Jungen haarlos. In der zweiten Generation war das Wachstum der Tiere schlecht und es ergaben sich Veränderungen der Iris und Retina. Auch die Fortpflanzungsfähigkeit war beeinträchtigt. Zulagen von 0,1 ppm Se im Futter verhüteten die beschriebenen Symptome (13, 30).

Selenomethionin und Selenit vermindern die Toxicität von Quecksilber und zwar vermutlich dadurch, daß sie eine anderen Bindung des Hg im Organismus bewirken. Dagegen vergrößert Dimethylselenid die Toxicität des Quecksilber. Selenit bewirkt einen gewissen Schutz vor der durch Cadmium bedingten Testes-Degeneration und zwar durch eine Veränderung der Verteilung des Cadmium im Organismus.

Die in manchen Ländern vorkommende Muskeldystrophie junger Lämmer („white-muscle-disease") beruht offensichtlich auf einem Selenmangel. Sie tritt auf, wenn das Gras unter 0,1 ppm Se, bezogen auf das Trockengewicht, enthält. Sie läßt sich durch Anreicherung des Futters auf 0,1 ppm Se im Trockengewicht verhüten bzw. heilen.

Die häufig erzeugte experimentelle Lebernekrose junger Ratten entsteht bei einer Diät, die eiweißarm bzw. Eiweiß einer schlechten biologischen Wertigkeit, vor allem arm an den S-haltigen Aminosäuren, enthält. Sie wurde meist durch die folgende Diät erzeugt: 30% Torula-Hefe, 59% Saccharose, 5% tocopherolfreies Schmalz, 5% Salzmischung und 1% Vitaminmischung. Diese Diät ist zugleich selenarm und enthält nur 0,02 ppm Se. Die Lebernekrose läßt sich verhüten bzw. heilen auch ohne Selenzulagen durch Erhöhung der Eiweißzufuhr bzw. Zufuhr S-haltiger Aminosäuren und Tocopherolgaben. Jedoch hat die Verabreichung von Se eine prophylaktische bzw. kurative Wirkung in einem gewissen Umfange. Infolge der nahezu von allen Autoren gewählten zu kurzen Versuchszeit gab sie zu vielen Mißinterpretationen und einer Überschätzung der Selenbeteiligung bei dieser Form der alimentären Lebernekrose Anlaß.

Die *große Toxicität des Selen* ist schon lange bekannt. Die Empfindlichkeit ist bei den verschiedenen Tierspecies unterschiedlich. 2 ppm Se im Trinkwasser wirkt bei Ratten toxisch, jedoch nicht bei

Mäusen. In solchen Versuchen erwies sich Selenit als extrem toxisch und zwar bei einer Se-Zufuhr von 0,14 mg/kg Körpergewicht bei den jungen und 0,21 mg Se/kg bei den älteren Ratten. Selenit verursachte, abgesehen von einer Wachstumsverzögerung, eine hohe Frühsterblichkeit vor allem bei den Männchen, weniger bei den Weibchen. Se wurde in Leber, Nieren, Herz, Lungen und Milz retiniert, so daß die Se-Konzentration dieser Organe auf das Doppelte gegenüber den Kontrolltieren anstieg. Weiterhin entstanden Leberschäden und erhöhte Lipidablagerungen in der Aorta.

Bei Zulagen von Se zum Futter beobachtet man ab 4 ppm Se die ersten Zeichen einer Toxicität (verzögerte Gewichtszunahme). Ist die Nahrung tocopherolarm, so genügen schon 1,25 ppm Se im Futter zur Erzeugung toxischer Symptome. Leberschäden findet man (bei ausreichender Tocopherol-Zufuhr) etwa bei einem Se-Gehalt des Futters von 6,4 ppm, eine Erhöhung der Frühsterblichkeit bei 8 ppm Se.

Schon 10 µg Selenocystin/kg Körpergewicht hemmen den Einbau von L-Cystein in die Körperzellen. Der Einbau von ^{14}C-Leucin in die Leberproteine wurde in vitro noch in einer Selenocystin-Konzentration von 10^{-5} m gehemmt. In vitro wurde weiterhin noch eine starke Hemmung des Methyltransfers von Betain oder Cholin auf Homocystein beobachtet.

Selen ist ein starkes Cancerogen. Bei Mäusen wurde eine Tumorbildung 3 Wochen nach Verfütterung von 50 µg Selenit/Tag und nach Verfütterung von 100 µg metallischem Se/Tag gesehen. Bei den chronischen Gaben von 2 ppm Se im Trinkwasser wirkte Selenat stärker cancerogen als Selenit. Tumoren wurden auch schon nach Pinselung der Haut mit selenhaltigen Salben erzeugt.

Die Selenkonzentration in den Böden ist im allgemeinen gering. Es gibt aber Gegenden, in denen bis zu 60 ppm Se im Boden festgestellt wurden. Die Pflanzen verhalten sich dem Selen gegenüber unterschiedlich. Manche diskriminieren gegen Se und bleiben daher selenarm (z.B. Sojabohnen). Es gibt jedoch auch Pflanzen, die Selen konzentrieren (z.B. Astragalus bisulcatus, das Se bis auf etwa das 1000fache anreichert). Aufnahme solcher Selen konzentrierender Pflanzen bewirkt Selenvergiftungen beim Weidevieh, die in verschiedenen Formen („blind staggers" und „alkali disease") auftreten. Hauptsymptome sind Abmagerung, Anämie, Störungen der Leber- und Herzfunktion, Gelenkerkrankungen, die zu Steifheit, Lahmheit und Stolpern Anlaß geben. Die Tiere können sich dann nur noch schlecht bewegen und nehmen daher wenig Futter und Wasser auf. Oft wandern die Tiere ziellos herum und machen einen Eindruck, wie wenn sie blind wären („blind staggers"). Bei Hennen wird die Eiproduktion vermindert und die Schlupffähigkeit der Eier verschlechtert. Häufig werden auch Mißbildungen der Embryonen beobachtet. Teratogene Wirkungen kommen auch bei Schweinen, Schafen und Pferden vor. Solche schweren Symptome treten auf, wenn das Futter 10 ppm Se enthält.

Die Toxicität von Selen wird durch Gaben von Sulfat vermindert. Verfütterung von 2% Na_2SO_4 bewirkte eine Steigerung der Selenausscheidung nach Gaben von Selenat. Einen gewissen Schutz gegen die toxischen Wirkungen von Selenverbindungen verleiht die Gabe von Methionin, das die Ausscheidung von Selen durch die Atemluft in Form von $(CH_3)_2Se$ und im Harn in Form von $(CH_3)_3Se$ vergrößert. Als Ursache dieser Methioninwirkung kann man den Befund werten, daß S-Adenosyl-L-methionin der Methyldonator für die Synthese der genannten Methylverbindungen des Se ist.

3.2.9. Molybdän

Der *Molybdängehalt des Menschen* beträgt rund 8—10 mg. Das Element ist im Organismus ziemlich gleichmäßig verteilt. Höhere Molybdänkonzentrationen werden in der Leber und in der Niere gefunden.

Molybdän ist in der Nahrung als Molybdat enthalten. Die Molybdataufnahme des Menschen liegt normalerweise in der Größenordnung von 0,3 mg/Tag. 6—10 Jahre alte Mädchen hatten bei einer Zufuhr von 100 µg Mo/Tag eine positive Bilanz. Die löslichen Molybdate und auch das unlösliche $CaMoO_4$ werden gut resorbiert. Über den Resorptionsmechanismus ist nichts Näheres bekannt. Sulfat hemmt die Resorption von Molybdat.

Die Mo-Konzentration im Blut ist nicht fixiert sondern hängt ganz von der Höhe der Zufuhr ab. In Versuchen an Schafen war der Mo-Spiegel im Plasma bei einer Zufuhr von 0,4 mg/Tag 2 µg/100 ml, bei einer Tageszufuhr von 96 mg 495 µg/100 ml. Infolge der gegenseitigen Hemmungen von Molybdat und Sulfat wird der Mo-Spiegel im Blut durch Gaben von Sulfat erniedrigt. Das Mo liegt im Blut in Form eines leicht dialysablen Anion, vermutlich als MoO_4^{2+} vor. Nach der i.v. Injektion von ^{99}Mo schieden die Probanden im Verlaufe von 10 Tagen 24—29% der Dosis im Harn, 1,0—6,8% im Stuhl aus. Im Harn liegt Mo als Molybdat vor.

Mo ist bei Mensch und Tier Bestandteil der Flavinenzyme Aldehydoxidase (1.2.3.1.) und Xanthinoxidase (1.2.3.2.), die beide daneben noch Fe enthalten. Auch das in Bakterien vorkommende Flavinenzym Nitritoxidase (1.9.6.1.) enthält Mo und Fe. Die Aktivität der Aldehydoxidase und Xanthinoxidase nehmen in Molybdänmangel stark ab.

Ein experimenteller *Molybdänmangel* ließ sich bei Hühnern durch Verfüttern einer molybdänarmen Diät verbunden mit Gaben von Wolframat, das ein Antagonist von Molybdat ist, erzeugen. Der Mo-Mangel äußert sich in einer vermehrten Ausscheidung von Hypoxanthin und

Xanthin bei einer stark verringerten Ausscheidung von Harnsäure. Die Tiere zeigten eine Störung des Wachstums, ein schlechtes Allgemeinbefinden und starben frühzeitig. Vermutlich sind Vögel gegen einen Molybdänmangel besonders empfindlich, da für sie Harnsäure der Hauptmetabolit des N-Stoffwechsels ist.

Verfütterung höherer Molybdändosen wirkt toxisch. 250 ppm Mo im Futter bewirkt bei Ratten Wachstumsverzögerungen und Durchfälle. Die Leber speichert dann viel Mo. Leberhomogenate zeigen einen verminderten Sauerstoffverbrauch. Anreicherung des Futters mit 0,3% Methionin schwächte die toxischen Mo-Wirkungen, desgleichen auch Gaben von Sulfat.

In manchen Gegenden von England, Kalifornien und Neuseeland enthalten Böden relativ viel Molybdän. Das hier gehaltene Vieh erkrankt durch die zu hohen Molybdänaufnahmen an „Teart", einer Krankheit, deren Hauptsymptome in schweren, zu einer Kachexie führenden Diarrhoen besteht. Das Gras kann in solchen Gegenden bis zu 20−100 µg/g Trockensubstanz Mo enthalten. Die Schwere der Symptome geht dem Gehalt an Mo parallel. Bei den Untersuchungen über die toxischen Mo-Wirkungen wurde festgestellt, daß enge Stoffwechselbeziehungen zwischen Mo und Cu bestehen. Bei der Verfütterung großer Molybdänmengen nimmt der Gehalt der Leber und auch anderer Organe an Cu ab. Bei Ratten verursacht ein Gehalt des Futters von 500 mg/100 g an Mo den Tod aller Tiere nach etwa einer Woche. Bei Diäten mit 8−14 mg Mo/100 g werden Wachstumsverzögerungen und Sterilität der Tiere beobachtet. Die toxischen Wirkungen den Mo konnten in solchen Versuchen weitgehend durch Zulagen von Cu verhütet werden. Bei einem Kupfergehalt des Futters von 2 mg/100 g ließ sich die Wirkung von 40 mg/Mo/100 g paralysieren. Schwere toxische Symptome nach der Verfütterung von viel Mo (0,1% im Futter) wurden auch bei Kaninchen beobachtet. Die Tiere zeigten Anorexie, Gewichtsverluste, Haarausfälle, Dermatosen, Anämie und gingen rasch zu Grunde. Auch in diesen Versuchen ließen sich die toxischen Wirkungen des Molybdän durch Kupfer verhüten. 0,02% Cu im Futter reichten aus, um 0,02% Mo verträglich zu machen. Bei Küken heben jedoch Kupferzulagen die toxischen Wirkungen (Wachstumsverzögerungen) einer hohen Molybdänzufuhr nur teilweise auf. Bei Ratten führt eine Kombination von Mo + Zn zu einer stärkeren Wachstumsverzögerung als Mo allein.

Ein bei der *Molybdänvergiftung von Rindern und Schafen* häufig zu beobachtendes Symptom ist eine *Osteoporose.* Man nimmt an, daß sie mit der bekannten starken Hemmwirkung des Mo auf die alkalische Phosphatase zusammen hängt. Für einen Zusammenhang alkalische Phosphatase und Molybdän spricht auch der Befund, daß bei der Ratte der Gehalt der Leber an alkalischer Phosphatase durch Verfütterung von Molybdän zunimmt.

Weitere Wirkungen einer hohen Molybdänzufuhr sind eine stark vermehrte Jodanreicherung der Schilddrüse und eine Hemmung des oxydativen Abbaus der Ascorbinsäure in der Leber (Ratte).

3.2.10. Nickel

Der *Nickelbestand des Menschen* beträgt rund 10 mg. Das Blut Gesunder enthält 2,7 ± 0,16 µg/100 ml, das Plasma 2,1 ± 0,9. Im Plasma ist Nickel an ein α_2-Globulin gebunden. Erhöhte Ni-Konzentrationen im Blut wurden bei Infarktpatienten (5,1 µg/100 ml), Tumorkranken und bei Hauterkrankungen (Psoriasis, Ekzeme, Dermatitis) festgestellt. Verminderte Blut-Ni-Werte wurden bei Anämien beobachtet.

Ni ist in allen Organen enthalten. Überraschend reich an Ni ist die Aorta (6 ppm). In den Knochen findet man 100—120 ppm Ni. Nach Verabreichung von ^{63}Ni wurde eine Anreicherung des Isotops in Knochen, Niere und Leber von Ni-arm ernährten Hühnern festgestellt.

Durch Verabreichung einer extrem Ni-armen Diät (44 ppb Ni) an Küken zeigten die Tiere eine stark verminderte Ni-Konzentration in allen Geweben gegenüber Kontrolltieren, deren Futter 3,4 ppm Ni in Form von $NiCl_2$ enthielt. Im Verlaufe einer Beobachtungszeit von 30 Tagen wurden jedoch keine signifikanten Unterschiede zwischen den beiden Gruppen hinsichtlich Körpergewicht, Knochenentwicklung, hämatologischen Daten, Serumcholesterin und lichtmikroskopischen Organbefunden gesehen. Elektronenmikroskopisch ergab sich bei den Ni-arm ernährten Tieren eine Dilatation des endoplasmatischen Reticulum der Hepatocyten, während Zellkerne, Nucleoli und Mitochondrien keine Unterschiede zeigten (33). Diese Befunde ergaben somit keinen Hinweis auf die Existenz eines Ni-Mangelsyndroms. Mäuse, die bei einem praktisch Ni-freien Futter 5 ppm Ni^{2+} im Trinkwasser erhielten, unterschieden sich hinsichtlich Wachstum, Gesundheitszustand und Lebensdauer nicht von den Ni-frei gehaltenen Kontrolltieren.

Ni^{2+} aktiviert einige Enzyme (Tabelle 27). Der schon erwähnte Umstand, daß Ni im Blut bei bestimmten Erkrankungen vermehrt bzw. vermindert ist, ferner, daß Gaben von Ni die Wirkung von Hormonen verändert (Verstärkung der Wirkung von Insulin, und Vasopressin, Verminderung der Adrenalinwirkung, Vermehrung der Ausscheidung von Corticoiden, Aktivierung der Melaninbildung) hat zu Spekulationen Anlaß gegeben, ob Ni für den Menschen ein essentielles Spurenelement sei. Der schlüssige Beweis hierfür steht allerdings gegenwärtig noch aus.

Die Aufnahme von Ni mit der Nahrung wurde für den Menschen zu 0,3—0,8 mg/Tag berechnet. Bei einer Ernährung, die 2300 kcal liefert und vorwiegend aus Fleisch, Eiern, Milch, Butter, Weißbrot besteht und die wenig Früchte und Gemüse enthält, beträgt die Tagesaufnahme nur etwa 10 µg Ni oder weniger.

3.2.11. Zinn

Zuverlässige Unterlagen für den Zinnbestand des Menschen liegen nicht vor. Der Zinngehalt der meisten Organe und des Blutes pflegt 3–5 µg/100 g zu betragen. Die Leber enthält 20–120 µg/100 g Frischgewicht.

In neueren Untersuchungen wurde festgestellt, daß Zulagen von 0,5, 1,0 bzw. 2,0 ppm Zinn in Form von $Sn(SO_4)_2 \cdot 2H_2O$ zu einem praktisch zinnfreien Futter die Wachstumsrate von Ratten um 24, 53 bzw. 59% steigert und daß man daher Zinn als essentielles Spurenelement auffassen muß. Auch andere Zinnverbindungen (Trimethylzinnhydroxyd, Dibutylzinnmaleat und Kaliumstannat) waren bei einer Konzentration von 1 ppm (bezogen auf Sn) im Futter wachstumsfördernd. Zinnfrei ernährte Ratten zeigten nach 1–2 Wochen Mangelsymptome im Sinne eines verzögerten Wachstums, Haarverlusten, Seborrhoe-ähnlichen Symptomen und vermindertem Appetit (29). Zulagen von 5 ppm Sn in Form von $SnCl_2$ zum normalen Futter von Mäusen hatte keinen Einfluß auf die Lebensdauer der Tiere.

Die Tagesaufnahme an Zinn bei einer Krankenhausernährung in den USA wurde zu 3,6 mg/Tag bestimmt. Der natürliche Gehalt von Lebensmitteln an Zinn ist gering. Er pflegt zumeist zwischen 0,3 und 3,0 ppm zu liegen. Bei der Lagerung von Lebensmitteln in Weißblechdosen nimmt der Doseninhalt Zinn auf. In geöffneten Weißblechdosen steigt der Sn-Gehalt des Inhalts rasch an. Der höchste duldbare Sn-Gehalt von Konserven wurde von der WHO/FAO zu 250 mg/kg festgesetzt.

Zinn ist wenig toxisch, da es nur in geringem Umfange resorbiert wird. Die Ausscheidung von aufgenommenen Zinn erfolgt praktisch ausschließlich durch den Darm. Zinn wird im Organismus im Herzen, in geringerem Umfange in Lungen, Nieren und Leber gespeichert.

3.2.12. Silicium

Silicium steht hinsichtlich der Häufigkeit seines Vorkommens in der Erdrinde mit 25% an zweiter Stelle aller Elemente. Man findet es daher auch regelmäßig in der belebten Natur. Der Kieselsäuregehalt der Pflanzen kann außerordentlich verschieden sein. Die Kieselsäure liegt in den Pflanzen teils in löslicher Form, teils hochpolymer in unlöslicher, teils in alkohollöslicher Form in organischer Bindung vor. Hochpolymere Kieselsäure findet sich hauptsächlich in den Zellwänden, deren Inkrustierung mit Silikat mit zunehmendem Alter immer stärker wird.

Auch der tierische Organismus enthält regelmäßig Silikat. In neuester Zeit wurde festgestellt, daß Kieselsäure im tierischen Organismus Funktionen hat und insbesondere als Wachstumsfaktor wirkt.

Der gesamte Si-Bestand des Menschen beträgt rund 1 g. Blut enthält etwa 1 ppm Kieselsäure. In den meisten parenchymatösen Geweben beträgt ihre Konzentration 2—10 ppm. Knochen enthalten bis zu 100 ppm. In den Regionen der aktiven Verkalkung wurden neuerdings bis zu 0,5% SiO_2 festgestellt, was vermuten läßt, daß SiO_2 bei den Verkalkungsprozessen eine Funktion hat. Der Kieselsäuregehalt der Organe pflegt mit zunehmendem Alter anzusteigen.

Im Blut ist alle Kieselsäure „molybdat-aktiv", sie liegt also in monomerer Form und nicht an Eiweiß gebunden vor. Die Konzentration des SiO_2 nimmt im Blut durch Verabreichung von viel Kieselsäure zu und kann dabei bis auf 6 ppm ansteigen. Im Rinderblut wurden 1,5—2,4 ppm SiO_2 aufgefunden. SiO_2 ist im Blut etwa gleichmäßig auf die Blutflüssigkeit und die Zellen verteilt.

Tierische Lebensmittel enthalten 0,3—4 mg SiO_2/100 g. Getreide bildet die Hauptquelle für die alimentäre Aufnahme beim Menschen. Die Tageszufuhr an SiO_2 kann innerhalb weiter Grenzen schwanken. Zumeist ist sie zwischen 50 und 250 mg/Tag gelegen. Lösliche Kieselsäure wird rasch aus dem Darm resorbiert und verteilt sich gleichmäßig über den extracellulären Raum. Monomere SiO_2 dringt schnell in die Zellen ein. Bei Versuchen in vitro wurde innerhalb von 60 Minuten ein praktisch vollständiger Konzentrationsausgleich erreicht. SiO_2 liegt dann frei gelöst im Zellwasser vor.

SiO_2 wird rasch durch die Niere ausgeschieden. Die Clearence beträgt rund 100 ml/min. Die im Harn ausgeschiedene SiO_2 ist monomer („molybdat-aktiv"). Die Konzentration im Harn beträgt in der Norm 10—40 ppm, entsprechend einer SiO_2-Ausscheidung von 10—60 mg/Tag. Steigt die Konzentration auf 120 ppm oder mehr an, entstehen zum Teil polymere Kieselsäuren. Umgekehrt depolymerisiert sich Polykieselsäure bei niedrigen Konzentrationen langsam zu Monokieselsäure. Zumeist wird im kieselsäurereichen Harn von Pflanzenfressern keine Polykieselsäure gebildet, da die alkalische Reaktion des Harns ihr Entstehen zurückdrängt. Die Höhe der SiO_2 Ausscheidung im Harn spiegelt im Allgemeinen die Größe der alimentären Zufuhr wider. Die via Darm ausgeschiedene Kieselsäure ist der unresorbierte Anteil der aufgenommenen.

Gaben von polymerer Kieselsäure oder natürlichen Silikaten per os bewirken eine Vergrößerung der Ausscheidung im Harn, da die Verdauungssäfte und Körperflüssigkeiten polymere Kieselsäure zum Teil depolymerisieren. Die einzelnen Präparate bzw. Mineralien zeigen aber in dieser Hinsicht große Unterschiede.

Im Bereich der physiologischen Konzentrationen ist die monomere Kieselsäure eine harmlose Substanz. In höheren Konzentrationen, etwa 100 ppm, schädigt Monokieselsäure den Zellstoffwechsel. Ratten-Leber-Mitochondrien zeigen eine Entkopplung der oxydativen Phosphorylierung und schwellen. NAD-abhängige Prozesse werden gehemmt. Ursache ist wahrscheinlich ein Austausch von H_3PO_4 gegen H_4SiO_4.

Kieselsäure-Mangel läßt sich bei der Ratte unter experimentellen Bedingungen erzeugen. Er bewirkt Wachstumsverzögerungen und eine Veränderung der Pigmentierung der Schneidezähne als Indiz für eine Störung im Bereich der Emaille-Bildung.

Durch die Einatmung von kieselsäurehaltigem Staub entsteht eine *Lungen-Silicose*, ein schwerwiegendes gewerbehygienisches Problem. Die silikotische Reaktion auf Quarz und andere kristalline SiO_2Modifikationen besteht zunächst in einer Schädigung der Phagocyten durch die aufgenommenen SiO_2-Partikelchen. Die Schädigung erwächst auf dem Boden einer Membranläsion, die durch eine Wechselwirkung der Membranlipoide bzw. Lipoproteide mit der Oberfläche der silicogenen Stäube zustande kommt. Infolge der Zelluntergänge kommt es zu der Bildung fibrohyaliner Knötchen. Die biochemischen und zellphysiologischen Vorgänge, die zur Fibrose und hyalinen Schwiele führen, sind gegenwärtig nicht befriedigend geklärt.

3.2.13. Fluor

Ob Fluor ein essentielles Spurenelement ist oder nicht, ist noch Gegenstand von Kontroversen, Fütterungsversuche mit extrem fluorarmen Diäten (0,007 ppm F) haben in verschiedenen Arbeitsgruppen zu unterschiedlichen Ergebnissen geführt. Ohne Zweifel hat aber Fluor durch eine Verminderung der Zahncaries eine nützliche Wirkung.

Fleisch und Eier enthalten etwa 0,5–2,0 ppm F im Frischgewicht, Milch 0,07–0,22, Früchte 0,05–0,2, Cerealien 0,2–0,6, Gemüse o,1–1,0. Einen auffallend hohen F-Gehalt hat der Tee mit im Mittel 100 ppm. Der Gehalt des Wassers an Fluor kann recht unterschiedlich sein. Bei nicht sehr fluorarmen Wässern trägt die Fluoraufnahme mit dem Trinkwasser 2–3 mg F/Tag zur gesamten Fluoraufnahme bei.

Der Gesamtbestand des Menschen an Fluor beträgt in der Norm etwa 2,6 g. 96% des Fluor befinden sich im Knochen.

Die Resorption des Fluor aus dem Magen-Darm-Trakt erfolgt passiv. Da Fluor schon in beträchtlichem Umfange aus dem Magen resorbiert wird, verläuft die Resorption sehr rasch. Lösliche Fluoride werden aus dem Trinkwasser praktisch quantitativ resorbiert. Bei den geringen im Trinkwasser enthaltenen Konzentrationen von Fluorid spielt die Anwesenheit von Mg^{2+}, Ca^{2+} oder Al^{3+} keine Rolle. Diese Ionen vermindern die Fluor-Resorption erst bei hohen F-Konzentrationen. Die Resorption der Fluoride ist auch aus der festen Nahrung gut. Aus unlöslichen Fluoriden (z.B. Knochenmehl) ist sie wesentlich schlechter. Im Durchschnitt kann man bei der üblichen Ernährung mit einer Resorptionsquote von etwa 80% rechnen.

Im Serum (Plasma) kommt Fluor in 2 Formen vor: Als F^- frei und daher austauschbar und ultrafiltrierbar, ferner an Albumin gebunden und nicht austauschbar. Die Fluorkonzentration im Plasma beträgt bei einem Fluorgehalt des Trinkwassers bis zu 2,5 ppm 0,14–0,19 ppm. Bei höheren Fluoraufnahmen nimmt sie etwas zu. Bei 5,4 ppm F im Trinkwasser enthält das Plasma 0,26 ppm. Sofort nach der Aufnahme von Getränken oder Speisen steigt die Fluorkonzentration im Plasma vorübergehend nicht bedeutend an, da die Bluthomöostase gut arbeitet. Sie erfolgt durch 2 Mechanismen: rasche Ausscheidung durch die Niere und die hohe Affinität der harten Gewebe für F^-. Die Fluorkonzentration ist in den weichen Geweben nur gering und liegt etwa in derselben Größenordnung wie die des Plasma. Der Liquor enthält etwa 0,1 ppm F, Speichel 0,16–0,18, Schweiß 0,3–0,9. Fluor durchdringt die Plazentarschranke. Das in den fetalen Kreislauf gelangte Fluor wird in den fetalen Knochen abgelagert. Bei niedrigen F-Aufnahmen ist die F-Konzentration im fetalen Blut kleiner als im mütterlichen, vermutlich wegen der hohen Affinität des fetalen Knochen zu F^-. Bei höheren F-Aufnahmen akkumuliert die Plazenta F, vielleicht zum Schutze des Fetus gegen eine zu hohe F-Konzentration. Die über diesen Punkt vorliegende Literatur ist jedoch nicht einheitlich.

Fluor wird rasch durch die Niere ausgeschieden. Mit Hilfe von $^{18}F^-$ wurde beim Hund die Clearance zu 2–10 ml/min bestimmt. Sie ist also wesentlich größer als diejenige für Cl^-. Die tubuläre Rückresorption des F beträgt 23–78%. Beim steady state besteht zwischen der Fluorkonzentration im Harn und derjenigen im aufgenommenen Trinkwasser bis zu einem F-Gehalt desselben von 8 ppm eine lineare Korrelation. Die Ausscheidung von Fluor in den Faeces macht im Allgemeinen etwa 10% der Gesamtausscheidung aus. Etwas F^- wird auch im Schweiß ausgeschieden. Der F^--Gehalt des Schweißes liegt etwa bei 0,3–0,9 ppm. In der Muttermilch findet man 0,1–0,2 ppm F.

Bei einer F-Zufuhr von etwa 1 mg befindet sich der Mensch in einer ausgeglichenen Bilanz. Bei höheren Zufuhren wird die Bilanz positiv und die Ausscheidung im Harn kann dann auf 40–60% der Zufuhr absinken.

Die Hauptmenge des gespeicherten Fluorids findet man im Knochen, woe es OH^- des Hydroxyapatit ersetzt. Auf Grund der Zusammensetzung des Hydroxyapatits läßt sich berechnen, daß der Knochen maximal 3,5% F^- enthalten könnte. Versuchstiere, die früher nie nennenswerte Mengen an Fluor erhalten haben, retinieren zunächst etwa 50% der aufgenommenen Dosis.

Bei der chronischen Zufuhr stellt sich nach einiger Zeit ein Gleichgewichtszustand ein, bei dem sich Einbau in das Skelett und Ausbau daraus die Waage halten und dessen Lage von der Höhe der Zufuhr abhängig ist. Erwachsene scheiden daher praktisch das gesamte aufgenommene Fluor im Harn aus, während die Ausscheidung bei Kindern wesentlich geringer ist. Im Bereich einer langjährigen Zufuhr von Trinkwasser mit einem Fluorgehalt bis zu 4 ppm, besteht beim Menschen eine lineare Beziehung zwischen F-Gehalt des Knochens und Höhe der Zufuhr (Abb. 9). Der Aschegehalt des Knochens bleibt bei Zufuhren dieser Größenordnung unverändert. Berechnet auf die fettfreie Knochensubstanz zeigen alle Knochen denselben Fluorgehalt. Bei einem F-Gehalt des Trinkwassers von 8 ppm wurde in den Knochen des Menschen 0,512–0,653% F (bezogen auf die fettfreie Trockensubstanz) festgestellt. Dabei hatte der Aschegehalt des Knochens gegenüber dem bei 4 ppm F im Trinkwasser etwas zugenommen. Fluor ist im Knochen nicht gleichmäßig verteilt. In der Epiphyse ist die Konzentration etwa doppelt so hoch wie in der Diaphyse. Die Fluorkonzentration ist im Knorpel wesentlich geringer als im Knochen. Eine Gravidität hat – bei gleichbleibender Höhe der F-Zufuhr – keinen Einfluß auf den F-Gehalt des Knochens. Untersuchungen über den Einfluß der Fluoridzufuhr (0-100 ppm im Trinkwasser) auf die Knochenstruktur ergaben bei der Ratte, daß unter dem Einfluß von Fluorid größere Apatitkristalle und weniger Gitterfehler erhalten werden. Fluorid verdrängt Citrat von der Kristalloberfläche, so daß der Citratgehalt des Knochens mit steigender F-Zufuhr kleiner wird.

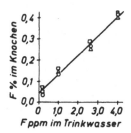

Abb. 9: Beziehungen zwischen der Fluorkonzentration im Trinkwasser und dem Fluorgehalt des Knochens, bezogen auf die fettfreie Trockensubstanz.
(Zipkin, I, McClure, F. J., Leone, N. C., und Lee, W. A.: Publ. Health Rep. 73, 733 1958).

Das Interesse an Fluor als Nahrungsfaktor nahm durch die Beobachtung stark zu, daß die Zufuhr kleiner Fluormengen eine ausgesprochen günstige Wirkung bei der Zahncaries hat. Die Häufigkeit des Auftretens der Zahncaries ist deutlich herabgesetzt, wenn das Trinkwasser

0,5–1,5 ppm F enthält, wobei der Rückgang des Cariesbefalls mit zunehmender Fluorkonzentration immer ausgesprochener wird. Diese Feststellung führte zu Diskussionen darüber, ob es nützlich sei, in Gegenden, deren Trinkwasser arm an Fluor ist, das Wasser auf einen günstigen Fluorwert (etwa 1 ppm) anzureichern. Großversuche, die angestellt worden waren, hatten auch durchaus den erwarteten Erfolg, nämlich Rückgang des Cariesbefalls. Zur Fluorierung des Wassers erwiesen sich NaF und Ammoniumfluorsilikat $(NH_4)_2SiF_6$ als in gleicher Weise geeignet.

Die *cariesverhütende Wirkung des Fluors* hat verschiedene Ursachen:

1. Die Verminderung der Löslichkeit des Zahnschmelzes. Diese Wirkung wird schon bei einer Aufnahme von 1 ppm F im Trinkwasser deutlich.

2. Die Hemmung von Enzymen, der bei der Entstehung der Caries beteiligten Mundbakterien. Zwar ist die Konzentration von 0,1– 0,2 ppm F im Speichel nicht ausreichend, eine Enzymhemmung zu bewirken. In den Plaques findet man aber wesentlich höhere Konzentrationen (20 ppm und mehr). Hohe F-Konzentrationen wurden auch im Inneren der dort befindlichen Bakterien festgestellt, so daß eine Hemmung der Säurebildung möglich erscheint.

Die in Europa und in den USA durchgeführten klinischen Untersuchungen haben ergeben, daß eine maximale Reduktion der Caries (etwa um 60%) verbunden mit einem gleichzeitigen Minimum des Auftretens der „Mottling" der Zähne (erstes Symptom einer Fluor-Überdosierung) bei einem F-Gehalt des Trinkwassers von 1 ppm erreicht wird. Das „Mottling" (gefleckter Zahnschmelz) ist eine hypoplastische Läsion des Zahnschmelzes mit einer oberflächlichen Hypomineralisation und Ablagerung eines braunen Pigments im äußeren Drittel des Zahnschmelzes.

Fluor hemmt eine Reihe von Enzymen und bewirkt dadurch Störungen des intermediären Stoffwechsels. Am bekanntesten ist die Hemmung der Enolase (Phosphopyruvat-Hydratase 3.2.1.11.). In Gegenwart von $2,7 \cdot 10^{-2}$ m Mg^{2+} genügen schon $6 \cdot 10^{-5}$ m F⁻ zu einer 50%igen Hemmung des Enzyms.

Während die Aufnahme von 1 ppm F im Trinkwasser die erfreuliche Wirkung im Sinne einer Reduktion der Zahncaries hat, wirken höhere F⁻-Konzentrationen stark toxisch. Schon bei 2 ppm F im Trinkwasser werden die ersten toxischen Symptome nämlich das Auftreten des „Mottled Enamel" beobachtet. Die bei höheren F-Aufnahmen festgestellten toxischen Wirkungen sind in der Tabelle 31 zusammengefaßt.

Tab. 30   Hemmung von Enzymen und biochemischen Prozessen durch Fluorid.

Prozeß bzw. Enzym	50%ige Hemmung durch m/l F$^-$
Esterase (Schweineleber)	$5 \cdot 10^{-7}$
Saure Glycerophosphatase (Gehirn, Schaf)	$6 \cdot 10^{-6}$
Verkalkung von Knorpelschnitten in vitro	10^{-5}
Kohlensäureanhydratase	10^{-5}
ATP-ase (Herzmuskel	10^{-5}
Phosphomonoesterase (Serum)	10^{-5}
Aktivierung von Acetat (Leber- u. Nieren-Homogenate)	10^{-4}
Pyrophosphatase (Hefe)	10^{-4}
Glutaminsäure-Synthetase (Tiere und Pflanzen)	10^{-4}
Saure Phosphatase (Prostata, Speicheldrüse)	10^{-4}
Isocitrico-Dehydrogenase (Ratten-Leber)	10^{-4}

Tab. 31   Toxische Fluorwirkungen.

Dosis oder Konzentration des F	Medium	Wirkung
2 ppm	Trinkwasser	Mottled Enamel
8 ppm	Trinkwasser	Beginnende Osteosklerosis
20–80 mg/Tag	Trinkwasser	Crippling Fluorosis
50 ppm	Wasser oder Nahrung	Schilddrüsen-Veränderungen
100 ppm	Wasser oder Nahrung	Wachstumsverzögerungen
125 ppm	Wasser oder Nahrung	Nierenschäden

Bei der Osteosklerose ist die Knochendichte vergrößert, mitunter werden auch Verengungen der Foramina und des Rückenmarkkanals gefunden. Dabei ist der Fluorgehalt des Knochens erheblich vergrößert. In manchen Gegenden von Afrika, Indien, Japan und der USA enthält das Trinkwasser abnorm hohe Fluorkonzentrationen, in USA bis etwa zu 8 ppm, in Indien bis zu 16 ppm. In diesen Regionen werden mitunter schwere Symptome einer langfristigen zu hohen Fluoraufnahme (Fluorosis) beobachtet, zumeist in Richtung der Osteosklerose gelegen. Bei sehr hohen Zufuhren können neurologische Symptome (Deformitäten der Knochen durch Immobilisierung infolge von Paraplegien bzw. durch Schmerz) hinzukommen („Crippling Fluorosis"). Die schweren Formen der Fluorose werden vor allem in Gegenden beobachtet, in denen wegen der Hitze der Wasserverbrauch hoch ist.

Trotz der günstigen Erfahrungen mit der Wasserfluoridierung auf 1 ppm im Sinne einer deutlichen Reduktion des Cariesbefalls werden auch heute noch zahlreiche Bedenken gegen eine allgemeine Wasserfluoridierung geltend gemacht. Eines der Hauptargumente ist die geringe Spanne zwischen der erwünschten Wirkung bei 1 ppm F und der schon bei 2 ppm beginnenden toxischen Wirkung. In heißen Ländern mit einem hohen Wasserkonsum ist die zur Cariesreduktion benötigte F-Konzentration begreiflicherweise niedriger und bei etwa 0,7 ppm gelegen.

Die Verwendung von Fluor zur Behandlung von Knochenerkrankungen und zur Verhütung der Alters-Osteoporose wurde vielfach diskutiert. Die bisher nach dieser Richtung vorliegenden Erfahrungen sind aber nicht sehr ermutigend.

3.2.14. Jod

Der *Jodbestand des Erwachsenen* beträgt rund 10 mg. Die Schilddrüse enthält 8−10 mg, also nahezu das gesamte Jod des Organismus. 99% des Jod liegen in der Schilddrüse in Form von organischen Verbindungen vor. Die wichtigsten sind Thyreoglobulin (ein jodiertes Globulin), Thyroxin, Trijodthyronin, ferner Thyroxin bzw. 3,5,3'-Trijodthyronin enthaltende Peptide, Dijodthyrosin und Monojodtyrosin. Nur etwa 1% des Schilddrüsenjod liegt als Jodidion vor. Alle Gewebe enthalten keine Mengen J^- (1−2 μg/100 g), daneben noch kleinste Mengen von organisch gebundenem Jod. In der Muskulatur findet man etwa 5 μg/100 g organisch gebundenes Jod. Das Plasma enthält 1−2 μg/100 ml J^- sowie noch „eiweißgebundenes" Jod im Mittel 5−6 μg/100 ml mit den Extremwerten 4−8 μg/100 ml. Das eiweißgebundene Jod im Blut ist an ein -Globulin gebundenes Thyroxin bzw. 3,5,3'-Trijodthyronin.

Das Jod wird praktisch ausschließlich als J^- mit der Nahrung aufgenommen. Es wird außerordentlich rasch resorbiert, zum Teil schon aus dem Magen. Per os gegebenes $^{131}J^-$ ist nach 2 Stunden schon zu etwa 80% resorbiert. Das resorbierte Jod setzt sich mit dem extracellulären Jod rasch in ein Gleichgewicht. Das J^- verschwindet aus dem Blut in einer Exponentialkurve, welche die Resultante von 3 Einzelvorgängen ist:

1. Ausscheidung durch die Niere (Rate rund 6% je Stunde),
2. Aufnahme durch die Schilddrüse (Rate rund 2,5% je Stunde, entspr. 10−20 μg/h unter physiologischen Bedingungen),
3. Aufnahme durch andere Organe (Rate 1−2% je Stunde).

Die Schilddrüse konzentriert das aufgenommene J^- gegenüber dem Blut auf das 250−1000fache. Der hierbei wirkende Mechanismus ist noch nicht geklärt. Die „Jodpumpe" wird durch das thyreotrope Hormon aktiviert, durch Rhodanid gehemmt. Das Schilddrüsen-Jod steht mit dem Blutjod in keinem Austausch. Das aufgenommene Jodid wird dann zur Bildung der Schilddrüsenhormone Thyroxin bzw. 3,5,3'-Trijodthyronin benützt. Zunächst wird es zu elementarem Jod oxydiert, mit dem die im Verbande des Thyreoglobulin befindlichen Tyrosinreste zu Monojodtyrosin und Dijodtyrosin jodiert werden. Thyreoglobulin ist ein spezifisches, von den Schilddrüsenzellen gebildetes Globulin (Molekulargewicht 660 000, Jodgehalt 0,5–1,0%). Durch eine sich ebenfalls noch im Verband des Thyreoglobulin abspielende Kondensation von 2 Molen Monojodtyrosin bzw. Dijodtyrosin entstehen dann gebundenes Thyroxin bzw. Trijodthyronin. Zum Trijodthyronin führt auch eine Dejodierung von Thyroxin. Die Speicherung der Schilddrüsenhormone erfolgt in der an das Thyreoglobulin gebundenen Form als „Kolloid". Die geschilderte Kette von Reaktionen läßt sich durch mancherlei „Thyreostica" hemmen. Rhodanid und Perchlorat hemmen die Jodpumpe, Thioharnstoff, Thiouracil und Verwandte sowie die in Brassica Arten vorkommende „Kropfnoxe" L-5-Vinyl 2-thioxazolidon hemmen die Oxydation von J⁻ durch die Jodid-Peroxidase zu dem „aktiven Jod".

Die Abgabe des Schilddrüsenhormons an das Blut wird durch die Konzentration im Blut, also dem Bedarf der peripheren Zellen geregelt. Beim Absinken des Hormonspiegels im Blut wird Thyreoglobulin durch eine Protease gespalten, wodurch ein Gemisch von Thyroxin, 3,5,3'-Trijodthyronin sowie von Peptiden, die diese Substanzen enthalten, entsteht. Dieses Gemisch wird dann aus den Acini durch die Epithelzellen hindurch an das Blut abgegeben.

Als Hormon wirksam ist nur das L-Thyroxin bzw. L-Trijodthyronin. Die biol. t/2 des Thyroxins beträgt beim Menschen 6 Tage. Der Abbau des Thyroxins vollzieht sich auf verschiedenen Wegen:

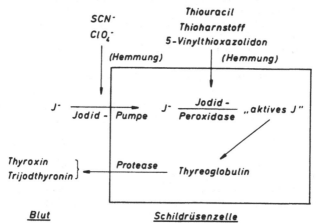

Abb. 10:   Schema der Bildung der Schilddrüsenhormone.

1. Oxydative Desaminierung, durch die Thyreobrenztraubensäure entsteht, die dann durch Decarboxylierung Thyreoessigsäure liefert. Analog entsteht aus Trijodthyronin 3,5,3'-Thyreoessigsäure.
2. Enzymatische Dejodierung durch die Dejodasen (Dehalogenasen).

Ein Teil des Thyroxins wird durch Bindung an Glucuronsäure oder Sulfat inaktiviert. Die genannten Konjugate werden durch die Galle ausgeschieden. Infolge einer mehr oder minder umfangreichen Abspaltung der Glucuronsäure im Darm kann in gewissem Umfange ein enterohepatischer Kreislauf des Thyroxins entstehen.

Nach der Injektion von ^{14}C-Thyroxin scheiden Ratten innerhalb von 12 Stunden etwa 20% des ^{14}C via Galle, 10% in Form von $^{14}CO_2$ durch die Lungen aus. Die Nieren scheiden Jod praktisch nur in Form von Jodid aus. Eine Speicherung von Jod findet im Organismus nur in der Schilddrüse statt. Die Schilddrüse kann aber nur beschränkte Mengen an J fixieren. Ist sie mit Jod gesättigt, wird die Hormonsynthese gehemmt und das überflüssige Jod in Form von J$^-$ durch die Nieren ausgeschieden.

Die physiologische Produktion an Schilddrüsenhormonen beträgt beim Menschen 200–400 µg, entsprechend 150–300 µg Jod. Gesunde Erwachsene scheiden in kropffreien Gegenden täglich etwa 100–200 µg Jod im Harn aus. Bilanzversuche haben ergeben, daß eine ausgeglichene Jodbilanz bei Aufnahmen von rund 55–160 µg Jod möglich ist. Auf Grund der erwähnten Zahlen wird der Jodbedarf des Menschen zu 100–200 µg J beziffert. Da die Hormonproduktion größer ist, wird offensichtlich ein Teil des von der Schilddrüse umgesetzten Jod (in der Norm etwa 1/3) wieder reutilisiert.

Der Jodgehalt der meisten Lebensmittel ist gering. In der Tab. 32 findet man Angaben, welche Mengen an den einzelnen Lebensmitteln notwendig sind, um den Minimalbedarf von 100 µg/J/Tag zu decken.

Tab. 32 **Mengen an den einzelnen Lebensmitteln, die notwendig sind, um eine Aufnahme von 100 µg Jod zu ermöglichen.**

Die Zahlen der Tabelle sind lediglich als Hinweise zu werten.

Lebensmittel	erforderliche Menge g
Obst und Gemüse	4500
Cerealien, Nüsse	3600
Fleisch, Geflügel, Süßwasserfische	2700
Milch	1800
Eier	900
Seefische	100–150

Das Trinkwasser trägt nur wenig zur Jodversorgung bei. In jodarmen Kropfgegenden enthält es 0,1−2 µg/l, in kropffreien 2−15 µg/l. In Meeresnähe mag noch eine Jodaufnahme durch die Atemluft zur Jodversorgung beitragen.

Die Aufnahme von Jod durch die Schilddrüse und damit der Umfang der Hormonproduktion und des Jodstoffwechsels hängt von dem Funktionszustand der Schilddrüse ab. Einen guten Hinweis auf die Schilddrüsentätigkeit gibt die Bestimmung der „Jodclearence", die leicht mit Hilfe von ^{131}J erfaßbar ist. Beim Gesunden mit einer normalen Schilddrüsenfunktion nimmt die Schilddrüse in der Minute das Jod aus 10−20 ml Blut auf. Bei einer pathologisch gesteigerten Schilddrüsenfunktion kann die Clearence bis zu 150 ml Blut/min betragen. Einen weiteren Hinweis auf die Schilddrüsenfunktion erhält man durch die Größe der Jodausscheidung im Harn, da zwischen der Jodaufnahme durch die Schilddrüse und Ausscheidung von Jod im Harn eine inverse Funktion besteht. Nach Gaben von physiologischen Jodmengen in Form von ^{131}J scheiden Gesunde 42−80% der Dosis innerhalb von 24 Stunden im Harn aus, Menschen mit einer Überfunktion der Schilddrüse 5−43%. Endlich gibt noch die Höhe des Jodspiegels im Blut, insbesondere die Fraktion des eiweißgebundenen Jod, einen Hinweis auf den Funktionszustand der Schilddrüse.

Bekanntlich führt eine *zu geringe Jodaufnahme* zur Vergrößerung der Schilddrüse *(„Jodmangelkropf")*. Länder, in denen jodarme Regionen vorkommen und in denen daher durch die zu geringe Jodaufnahme der Jodmangelkropf endemisch vorkommt, haben − teilweise schon seit langer Zeit − eine Jodprophylaxe durch Anreicherung des Kochsalzes mit Jod und bestem Erfolg durchgeführt. Das Jod wird dem Kochsalz in Form von KJ in Konzentrationen von 1 : 10 000 bis 1 : 100 000 zugesetzt. 100 µg Jod sind dann in 10 bis 1 g Kochsalz enthalten.

Der adäquate Reiz für die Produktion und Abgabe von den Schilddrüsenhormonen ist die Konzentration des thyreotropen Hormon (TSH) im Blut, die von der Aktivität des Thyreotropin releasing factor des Hypothalamus abhängig ist. Die hypothalamischen Zentren sprechen auf die Konzentration der im Blut kreisenden Schilddrüsenhormone Thyroxin und Trijodthyronin an. Bei erhöhten Werten wird die TSH-Produktion erniedrigt, bei geringen Werten wird die TSH-Produktion gesteigert. Thyroxin und 3,5,3'-Trijodthyronin unterscheiden sich hinsichtlich ihrer biologischen Wirkung darin, daß das Trijodthyronin weniger gut an Eiweiß gebunden wird. Es hat dadurch eine schnellere Wirkung, wird aber auch rascher inaktiviert. Seine biol. t/2 beträgt beim Menschen 1,5 Tage gegenüber 6 Tagen des Thyroxin.

Im Tierversuch (Ratte) bewirkt eine chronische höhere Jodzufuhr Störungen der Fortpflanzung und Lactation. 500 ppm J im Futter verschlechtert die Lactation, so daß eine erhöhte Sterblichkeit der geworfenen Jungen zu beobachten ist. Bei 2500 ppm J im Futter können überhaupt keine Jungen mehr aufgezogen werden. Der Mechanismus der Wirkung auf die Lactation ist ungeklärt. Verfütterung von 2500 ppm J an Männchen beeinträchtigt die Fruchtbarkeit nicht.

3.3. Nicht essentielle Spurenelemente

3.3.1. Lithium

Li gehört zu den nicht essentiellen Spurenelementen. In seinen Eigenschaften ist es dem Natrium verwandt, kann es aber nicht ersetzen. Die Aufnahme von Lithium mit der Nahrung beträgt etwa 1–2,5 mg/Tag. Über den Lithiumgehalt der Lebensmittel liegen keine zuverlässigen Daten vor. In der Milch ist es nur in Spuren enthalten.

Im Blut sind im Mittel 19 μg/l Li enthalten. Seine Verteilung im Organismus entspricht etwa der des Natrium. Von der Na^+-Pumpe des Muskels wird es schlechter befördert, so daß es im Muskel intracellulär in einer relativ höheren Konzentration als Na^+ vorliegt. Die Na^+-Pumpe der Erythrocyten wird durch Lithium gehemmt. Die Leber enthält rund 4 ppm Li im Frischgewicht. Die Ausscheidung von Lithium erfolgt praktisch ausschließlich durch den Harn, es wird wie Na^+ in den Tubuli reabsorbiert.

LiCl wurde früher als Kochsalzersatz vorgeschlagen. Wegen der erheblichen Toxicität des Li konnte sich dieser Verwendungszweck des Li nicht durchsetzen. Die vorgeschlagenen Dosen waren in der Größenordnung von 3–4 g/Tag gelegen.

Gegenwärtig wird Li noch in der Therapie des manisch-depressiven Irresein verwendet. Die Mindestkonzentration im Blut, ab welcher eine therapeutische Wirkung zu erwarten ist, beträgt 0,6 mval/l. Die niederste Konzentration im Blut, ab welcher toxische Symptome in Erscheinung treten ist 1,6 mval/l. Nebenwirkungen der therapeutischen Li-Dosen sind mitunter Kropfbildung infolge einer Hemmung der Schilddrüsenfunktion, deren Angriffspunkt noch ungeklärt ist. Weitere Nebenwirkungen sind Abnahme des Leberglykogens verbunden mit einer Erhöhung des Blutzuckerspiegels, die vermutlich via Einfluß auf die Glucagon-Sekretion zustande kommen. Durch die Li-Gaben wird eine Ausscheidung von Vanillinmandelsäure erhöht, ein Zeichen für eine erhöhte Bildung von Catecholaminen. Im Gehirn wird die Lactatbildung vermehrt. Die Clearence für Lithium beträgt beim Menschen 10–30 ml/min entsprechend einer maximalen Ausscheidung von 600–1800 mg Li im Tag.

Die Symptome der toxischen Lithiumwirkungen sind: Benommenheit, grober Tremor, Muskelzuckungen, Appetitverlust, Durchfälle und Erbrechen.

Beim Hund wirkt die Verabreichung von 20 mg/kg Lithium im Verlaufe von 1 bis mehreren Monaten letal.

3.3.2. Bor

Während Bor in Form der Borsäure (H_3BO_3) für die Pflanzen ein unentbehrliches Spurenelement ist, hat es für den tierischen Organismus keine Bedeutung. Bor wird jedoch regelmäßig im Organismus von Mensch und Tieren gefunden. Da die Boraufnahme, je nach Bodenverhältnissen und Nahrungswahl, außerordentlich verschieden ist, schwanken die Borkonzentrationen der Organe von Mensch und Tier innerhalb weiter Grenzen. Nach Untersuchungen in Frankreich beträgt die Aufnahme an Bor zumeist 3,8—41 mg/Tag, im Mittel ist sie bei 25 mg/Tag gelegen. Wesentlich für die Höhe der Borzufuhr ist der Weinkonsum, da Wein im Mittel rund 10 mg B/l enthält. Bei Borzufuhren der genannten Größenordnung findet man 3,9—36,5 µg B/100 ml (Mittel 9,85) im Blut des Menschen. Borsäure wird leicht resorbiert. Ihre Ausscheidung erfolgt durch die Niere.

Bei Erhöhung der Zufuhr akkumuliert sich die Borsäure im Organismus und zwar bevorzugt in Herz, Lunge, Gehirn, Niere, Sexualdrüsen, Fettgewebe und am stärksten in der Schilddrüse. In der Asche von Menschenknochen wurden 16—138 ppm B gefunden.

Chronische Fütterungsversuche an Ratten ergaben, daß ab einem B-Gehalt des Futters von 73 ppm Wachstumsverzögerungen auftraten. Bei 385 ppm B im Futter, entsprechend eine B-Aufnahme von 60--70 mg/kg, wurden histologische Organveränderungen, vor allem eine Atrophie der Testes nachgewiesen. Die akute LD_{50} per os beträgt für die Ratte 0,73 g/kg. Die letale Dosis beträgt für den Menschen 15—20 g Borsäure entspr. 2,6—3,5 g B.

Früher wurden von manchen Personen längere Zeiten hindurch je Tag etwa 0,5 g Borsäure aufgenommen, um abzumagern. In dieser Dosierung bewirkt Borsäure Durchfälle, verbunden mit einer erheblichen Verschlechterung der Nahrungs-Resorption. Borsäure wurde früher vielfach als Konservierungsmittel benützt. Auf Grund der heute vorliegenden toxikologischen Unterlagen, wurde die Verwendung der Borsäure für diesen Zweck verboten.

3.3.3. Aluminium

Obwohl Aluminium 7—8% der Erdrinde ausmacht, enthalten Tiere und Pflanzen nur wenig Al. Der Aluminiumbestand des Menschen beträgt 50—150 mg. Er nimmt mit zunehmendem Lebensalter zu. Die meisten Organe enthalten weniger als 0,5 ppm Al. Das Skelett enthält 2,5–5 ppm, die Leber bis zu 30 ppm. Die höchsten Werte werden in der Lunge bzw. den regionalen Lymphdrüsen gefunden, in denen 60 ppm und mehr enthalten sind. Dies ist durch die Einatmung von Al enthaltenden Staub bedingt.

Aluminium wird nur sehr unvollkommen aus dem Darm resorbiert. Bei Mensch und Tier werden 97–99% des mit der Nahrung aufgenommenen Al wieder in den Faeces ausgeschieden. Die schlechte Resorption wird auf die Bildung von unlöslichem Aluminiumphosphat im Darm zurückgeführt. Aluminium permeiert tierische Membranen ausserordentlich schlecht. Daher geht Al auch nur in unbedeutenden Spuren in die Milch über. In der Frauenmilch ist der Al-Gehalt unter 0,1 ppm gelegen. Auch nach großen Aluminiumgaben z.B. 1,6 g Al, die in Form des viel als Antacidum verwendeten Aluminiumhydroxydgel bzw. Aluminiumphosphatgel aufgenommen wurden, stieg bei stillenden Frauen die Al–Konzentration in der Milch nur von 0,02 ppm auf 0,05–0,15 ppm. Die Aluminiumausscheidung des Menschen im Harn beträgt weniger als 0,1 mg/Tag, auch bei großen medikamentösen Belastungen mit Aluminium-Verbindungen.

Die *Aluminiumaufnahme des erwachsenen Menschen* bewegt sich im Allgemeinen zwischen 5 und 35 mg/Tag beim Verzehr von Lebensmitteln, die bei der technischen oder küchentechnischen Verarbeitung nicht mit Aluminiumgeräten in Kontakt waren. Die großen Schwankungen sind durch die regional bedingten erheblichen Unterschiede im Al-Gehalt der Lebensmittel bedingt.

Beim Kochen von Wasser oder neutral reagierenden Lebensmitteln in Aluminiumtöpfen gehen nur unbedeutende Spuren von Al in Lösung. Saure Lebensmittel lösen beim Kochen mehr Al, noch mehr alkalisch reagierende. Jedoch nehmen Lebensmittel beim Kochen in Aluminiumtöpfen immer weniger Al auf als reine wässrige Lösungen desselben pH-Wertes. Kochen in nicht eloxierten Aluminiumtöpfen von Lebensmitteln, welche die Hauptmenge der Nahrung ausmachen (Kartoffeln, Gemüse, Teigwaren, Fleisch, Milch) bedingt eine Vermehrung des Al-Gehaltes der verzehrsfertigen Speisen um höchstens 5 ppm, in den meisten Fällen jedoch nur um rund 1 ppm. Nimmt man eine Vermehrung um 5 ppm an, so bewirkt die Verwendung von Aluminiumtöpfen und anderen aus Al bestehenden Küchenutensilien eine Vermehrung der Al-Zufuhr um 1–10 mg/Tag. Bei der Zubereitung der Mahlzeiten in Aluminium-Töpfen oder -Pfannen sind die Verluste an Ascorbinsäure und den B-Vitaminen (Thiamin, Riboflavin, Niacin) kleiner als bei Verwendung von Geräten aus anderen Materialien.

Infolge der außerordentlich schlechten Resorbierbarkeit der Aluminium-Verbindungen sind Aluminiumsalze für den Menschen praktisch untoxisch und die Verwendung von Aluminiumgeschirren bei der Zubereitung der Nahrung ohne jedes Risiko. Bei Verwendung des $AlPO_4$ ließ sich per os überhaupt keine LD_{50} feststellen. Die LD_{100} per os wurde für $AlCl_3$ zu 1–3 g/kg Körpergewicht, für das Aluminiumacetat zu 5–15 g/kg Körpergewicht beim Kaninchen festgestellt. Bei einer bis zu 118 Tagen fortgesetzten (medikamentösen) Aufnahme von rund 1 g/Tag Al per os ließen sich beim Menschen keine nennenswerte Erhöhung der resorbierten Menge, keine Erhöhung der Al-Konzentration im Blut und auch keine Störungen des Wohlbefindens nachweisen. In einem sich über 4 Generationen von Ratten erstreckenden chronischem Fütterungsversuch, bei denen große Mengen Al in Form von $KAl(SO_4)_2$ verfüttert wurden, ergab sich kein Hinweis auf eine toxische Wirkung des Al. Der Gehalt der Tiere an Al wurde nicht signifikant erhöht. Auch Hunde, die 1–1 1/2 Jahre hindurch große Mengen (529 mg/Tag) Aluminium verfüttert bekamen, zeigten keine Vermehrung ihres Aluminium-Bestandes und keine toxischen Symptome.

3.3.4. Brom

Brom ist ein regelmäßig im Organismus anzutreffendes Spurenelement, das jedoch keine physiologischen Aufgaben hat. Ältere Angaben, wonach Brom essentiell sei, z.B. daß in der Hypophyse ein Brom enthaltendes Hormon gebildet werde, haben sich als Irrtum erwiesen, bedingt durch die damals noch unzulänglichen Analysenmethoden. Die Konzentration von Brom im Blut und in den Organen weist eine nicht unbeträchtliche Schwankungsbreite auf, die durch eine, zum Teil auch regional bedingte, unterschiedliche Höhe der Bromzufuhr bedingt ist. Über den Bromgehalt von Lebensmitteln liegen nur wenige neuere Untersuchungen vor. Durch die mögliche Verwendung von Brom enthaltenden Schädlingsbekämpfungsmitteln sowie die mitunter (unerlaubt!) erfolgende Verwendung von Brom enthaltenden Konservierungsmitteln, kann der Bromgehalt tischfertiger Gerichte die „natürliche" Bromzufuhr erheblich vergrößern.

Brom liegt im Organismus ausschließlich in Form von Br⁻ vor. Br⁻ ersetzt in allen Körperflüssigkeiten und Geweben (mit Ausnahme des Liquor) denselben Prozentsatz an Cl⁻. Br⁻ diffundiert in alle Gewebe, bis ein Gleichgewicht zwischen Br⁻ und Cl⁻ erreicht ist. Beim Menschen beträgt die Br⁻-Konzentration im Blut 0,16–0,45 mg/100 ml in Abhängigkeit von der Höhe der Bromzufuhr. Die Ausscheidung durch die Nieren pflegt 2–5 mg/Tag zu betragen. Die biologische t/2 von Brom wurde mit Hilfe von ^{82}Br zu 12 Tagen bestimmt, bei der Maus zu 1,5 Tagen. Das Verteilungsvolumen des ^{82}Br wurde bei der Ratte zu 30% des Körpergewichtes bestimmt. Die Verteilung des Br⁻ entspricht der des Cl⁻. Br⁻ wird wie Cl⁻ in der Magenwand und im Magensaft angereichert.

In der Milch ist der „natürliche" Gehalt an Brom 1—5 ppm. Der Quotient Br-Aufnahme/Br Sekretion in die Milch beträgt 0,18. Bei Hühnern besteht eine lineare Beziehung zwischen der Br-Konzentration im Futter und der Br-Konzentration in den Organen und in den Eiern. Der Quotient Br-Konzentration im Futter/Br-Konzentration in den Geweben beträgt für das Fleisch 0,2—0,3, für die Leber 0,5 und für die Niere 0,8.

^{82}Br wird in geringem Umfange in der Schilddrüse konzentriert. Jedoch erfolgt, entgegen älteren Angaben, kein Einbau in das Thyroxin. Synthetisch hergestelltes 3,5,3',5'-Tetrabrom-dl-thyroxin (das Brom-Analoge des Thyroxin) ist beim Menschen 1/60 so wirksam wie Thyroxin bei der Verhütung der Kropfbildung und bei der Ratte hinsichtlich der Steigerung des O_2Verbrauchs.

Bromide wirken sedativ und wurden zu diesem Zweck früher in größerem Umfange als Pharmaka verwendet. Nach Gabe von 2—3 g ist die Schwelle für äußere Reize deutlich herabgesetzt. Nach Gaben von 4 g findet man depressive Wirkungen und Erniedrigung der Reflexerregbarkeit und Motorik. Die Spontanaktivität von Mäusen wird durch Verabreichung von 0,1—0,2 g NaBr/kg verkleinert.

3.3.5. Rubidium

Die Konzentration des Rubidium in der Erdkruste beträgt etwa 1/2500 der des Kalium. Infolge seines ubiquitären Vorkommens ist Rubidium in allen Lebewesen enthalten, und zwar in Konzentrationen, die 300—800 mal kleiner sind, als die des Kalium. Verläßliche Daten über den Rubidiumgehalt von Lebensmitteln liegen nicht vor. Rubidium ist kein essentielles Spurenelement.

Der Gesamtbestand des Menschen an Rubidium beträgt 300—350 mg. Die Aufnahme mit der Nahrung ist in der Größenordnung von 1—2 mg/Tag gelegen. Rubidium wird schnell quantitativ resorbiert. Die Ausscheidung erfolgt praktisch ausschließlich durch die Niere. Die Verteilung im Organismus entspricht weitgehend der des Kalium, 70—80% befinden sich intracellulär. Vollblut enthält 1,5—2 ppm Rb, wovon sich 97—98% in den Erythrocyten befinden. In der Leber beträgt der Rb-Gehalt 1—1,5 mg/100 g Frischgewicht. In den meisten Organen ist die Rubidium-Konzentration bei 0,3—1,0 mg/100 g gelegen. Nach der Injektion von ^{86}Rb findet man die höchste Aktivität im Pancreas. In fallender Reihe folgen Leber, Muskel, Knochen. Der nach der Injektion von ^{86}Rb erhaltene Verteilungsraum ist größer als der Verteilungsraum von Kalium.

In Versuchen in vitro ließen sich über 60% des intracellulären K^+ durch Rb^+ ersetzen.

Fütterungsversuche an Ratten ergaben, daß 0,1% Rb im Futter nicht mehr vertragen wird (Hemmung des Wachstums, Störungen der Fortpflanzung) Fellveränderungen, extreme Übererregbarkeit und Krämpfe). Bei 0,2% Rb im Futter wird die Lebensdauer der Tiere stark verkürzt. Die akute Toxicität beim Hund ist hauptsächlich durch die Wirkung des Rb auf das Herz bedingt. 2 mval Rb/l im Blut ergeben dieselben Ekg-Veränderungen wie die von 5,5 mval K/l.

3.3.6. Inaktives Strontium

Inaktives Strontium begleitet das Calcium in kleinen Mengen und wird daher als Spurenelement in allen Lebewesen angetroffen. Das inaktive Strontium ist ein Gemisch der 4 Isotopen ^{84}Sr, ^{86}Sr, ^{87}Sr und ^{81}Sr. Der Bestand des Menschen an stabilem Strontium beträgt 0,25–1,0 g. Es verhält sich im Stoffwechsel wie das Calcium und wird daher hauptsächlich im Knochen abgelagert. Im Knochen macht es 80–330 μg/g Knochenasche aus. Dies entspricht einer Relation von 250–1000 μg Sr/g Ca. Die großen Schwankungen sind dadurch bedingt, daß der Gehalt des Bodens und damit auch der Nahrung, je nach geographischer Lage, wechselnd ist. Die Milch enthält etwa 140–420 μg inaktives Sr je Gramm Ca. Die Tagesaufnahme an stabilem Strontium beträgt für den Menschen etwa 1,5–2,5 mg. Im Verlaufe des Lebens stellt sich ein Gleichgewicht ein zwischen der Strontiumaufnahme und Gehalt des Organismus, insbesondere des Skeletts. Nach Erreichen des Gleichgewichts ist das Strontium gleichmäßig im Skelett verteilt. Die Zähne enthalten bei großen, durch die unterschiedliche Aufnahme bedingten Schwankungen 50–350 ppm Strontium. In ihnen ist das Sr gleichmäßig über Dentin und Schmelz verteilt. Der Fluorgehalt des Wassers hat keinen Einfluß auf die Strontiumkonzentration in den Zähnen.

Der Organismus kann zwischen dem radioaktiven ^{90}Sr und dem inaktiven nicht unterscheiden. Alle Befunde, die beim inaktiven Strontium erhoben worden sind, lassen sich daher auf das radioaktive ^{90}Sr übertragen. Der Organismus bevorzugt bei einer Konkurrenz zwischen Calcium und Strontium immer das Calcium, so daß in den Lebewesen immer das Strontium gegenüber dem Calcium verdünnt wird. Der Verdünnungsfaktor (Diskrimination) ist der Quotient

$$\frac{\text{Sr/Ca \quad im Organismus}}{\text{Sr/Ca \quad in der Nahrung}}$$

Er wurde in zahlreichen Untersuchungen zu 0,20–0,25 festgestellt. Der Stoffwechsel des Sr verläuft nach dem Gesagten analog wie der des Calciums. In der Abb. 11 sind der Sr-Stoffwechsel und seine Dimensionen wiedergegeben.

Bis zu einem Alter von 6 Monaten bleibt die Strontiumkonzentration im Skelett beim Menschen praktisch konstant, denn nimmt sie steil zu. Dies ist dadurch bedingt, daß die Sr-Konzentration in der Milch, verglichen mit der in den pflanzlichen Lebensmitteln, klein ist.

Größere Gaben von Strontium wirken toxisch und rufen insbesondere Verkalkungsstörungen des Knochens hervor, die als „Strontium-Rachitis" bezeichnet zu werden pflegt. Die Verkalkungshemmung erfolgt auch bei einer optimalen Zufuhr an Calcium, Phosphat und Vitamin D. Die Hemmung wird erst dann deutlich, wenn das Skelett mit Sr gesättigt ist.

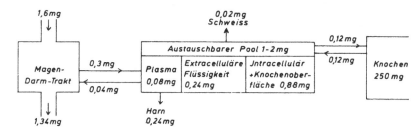

Abb. 11: Schema des Stoffwechsels des inaktiven Strontiums beim Menschen. (Nach *G. W. Dolphin und I.S. Eve:* Phys. Med. Biol. 8, 193 1963).

Die maximale Aufnahme des Sr in das Skelett beträgt 7% des Calciumbestandes. Die Ursache der Strontiumrachitis ist die Hemmung der Calciumresorption aus dem Darm infolge Blockierung der durch das Vitamin D induzierten Bildung eines Calcium bindenden Proteins in der Darm-Mucosa. Die Mineralisationsstörung des Knochens durch Strontium wird nach Absetzen seiner Zufuhr nur teilweise behoben. Bei einem Verhältnis Sr/Ca im Futter von 1 wird die Sättigung des Skeletts mit Sr bei der Maus nach 12—14 Tagen erreicht, bei einem Verhältnis Sr/Ca von 1/2 nach 3—4 Wochen. Beim Sistieren der Strontiumzufuhr wird Sr wieder aus dem Skelett ausgebaut. Die Ausbaugeschwindigkeit ist jedoch wesentlich geringer als die Einbaugeschwindigkeit.

Die Retention von dem radioaktiven [90]Sr läßt sich durch Verfütterung hoher Dosen an stabilem Strontium hemmen. Zu der Hemmung sind aber sehr hohe, schon im toxischen Bereich liegende Sr-Mengen erforderlich und zwar muß die Sr-Konzentration im Futter mindestens 400 ppm betragen. Toxische Reaktionen, z.B. eine Wachstumshemmung werden aber schon deutlich, wenn das Futter 40 ppm Sr enthält.

3.4. Toxische Spurenelemente bzw. Ionen

3.4.1. Nitrat und Nitrit

Infolge der Verwendung von Nitrat als Stickstoffdünger enthalten Nahrungspflanzen mehr oder minder große Mengen an Nitrat, ebenso auch das Trinkwasser. Nitrat als solches ist wenig toxisch. Es wird aber dadurch gefährlich, daß es im Verdauungstrakt bakteriell in mehr oder minder großem Ausmaße zu Nitrit reduziert werden kann, desgleichen auch außerhalb des Organismus in Lebensmitteln und zubereiteten Speisen. Aus diesem Grunde wurden Grenzwerte für den duldbaren Höchstgehalt des Trinkwassers an Nitrat festgesetzt, die aber in den verschiedenen Staaten unterschiedlich sind. In der Bundesrepublik beträgt der Höchstwert 50 mg/Liter.

Die *Toxicität der Nitrite* ist im Wesentlichen dadurch bedingt, daß sie Hämoglobin zu Methämoglobin (Hämiglobin) oxydieren können und daß sie ferner mit sekundären Aminen bzw. Amiden unter Bildung der entspr. Nitrosamine bzw. Nitrosamide reagieren können. Nitrosamine bzw. Nitrosamide gehören zu den potentesten Cancerogenen.

Säuglinge sind gegenüber der Methämoglobinbildung durch die Einwirkung von Nitriten besonders empfindlich und zwar aus folgenden Gründen:

1. Infolge ihres gegenüber den Erwachsenen geringeren Hämoglobingehalt des Blutes. Daher ist für sie ein Methämoglobingehalt des Blutes von 7,5% schon lebensbedrohlich, während dies beim Erwachsenen erst bei 10—12% der Fall ist.
2. Die Oxydation des fetalen Hämoglobins, das Säuglinge noch zu einem hohen Prozentsatz enthalten, verläuft wesentlich schneller als die des Erwachsenen-Hämoglobin.
3. Die Fähigkeit der Erythrocyten zur Rückreduktion des Methämoglobin zu Hämoglobin ist beim Säugling geringer als beim Erwachsenen.
4. Beim Säugling erfolgt aus verschiedenen Gründen die bakterielle Reduktion von Nitrat zu Nitrit im Magen-Darm-Trakt leichter als beim Erwachsenen z.B. wegen der häufigen Subacidität und der langen Verweildauer der Milch im Magen.

Durch die heute schon frühzeitig einsetzende Zugabe von Gemüsebreien, insbesondere von Spinat zur Säuglingsernährung und des Umstandes, daß Spinat in besonderem Umfange zur Speicherung von Nitrat neigt, ist die *Gefahr von Nitritvergiftungen beim Säugling* relativ groß. Für eine klinisch nachweisbare Methämoglobinämie des Säuglings genügen schon 2 mg NO_2^-/kg Körpergewicht. Lebensbedrohende Methämoglobinämien werden bei 5 mg NO_2^-/kg und darüber gesehen.

Die besondere Gefährdung des Säuglings durch Nitrat-Nitritvergiftungen verliert sich nach dem dritten Lebensmonat. Nitrat wird dann in geringerem Umfange durch die Darmbakterien zu Nitrit reduziert und dafür in größerem Umfange durch den Harn ausgeschieden.

Eine weitere ungünstige Wirkung des Nitrit besteht darin, daß es im Darm Vitamin A und Carotin zerstört und dadurch die Versorgung des Organismus mit Vitamin A beeinträchtigt.

Die Hauptgefährdung durch Nitrite besteht darin, daß sie unter Bedingungen, wie sie im Magen gegeben sind, sekundäre Amine und Amide zu N-Nitrosoverbindungen nitrosieren können. Nitrosamine und Nitrosamide sind nicht nur starke Cancerogene sondern haben auch mutagene und teratogene Wirkungen. Die Nitritaufnahme mit der Nahrung beträgt — statistisch gesehen — nur etwa 1,5 mg/Tag. Sie kann aber auch das Vielfache betragen. Zudem wird im Verdauungstrakt Nitrat bakteriell zu Nitrit reduziert.

Der begrenzende Faktor für die Nitrosaminbildung im Magen ist die Menge an den hierzu zur Verfügung stehenden sekundären Aminen bzw. Amiden. Die Bildung von Nitrosaminen im Magen erfolgt umso schwächer, je basischer die sekundären Amine sind. Daher entstehen im Magen aus Dimethylamin, Diäthylamin und Prolin, selbst in Gegenwart von relativ hohen Nitritkonzentrationen nur sehr geringe Mengen von den entsprechenden Nitrosaminen, die im Tierversuch bzgl. Tumorauslösung unterschwellig waren. Dagegen erfolgte im Fütterungsversuch an der Ratte nach Gaben von Morpholin und Nitrit eine ergiebige Nitrosaminbildung, die zu einer hohen Tumorrate bei den Versuchstieren Anlaß gab. Methylharnstoff und Äthylharnstoff werden im Magen leicht, dagegen Methylurethan und Äthylurethan nur in geringem Umfang, N-Methylacetamid überhaupt nicht nitrosiert.

Dimethylamin und Diäthylamin kommen in Fischen und Fischprodukten vor. Das in den Fischen gleichfalls enthaltene Trimethylaminoxid liefert beim Kochen Dimethylamin. Weitere in Lebensmitteln enthaltene sekundäre Amine sind Prolin, Hydroxyprolin und Arginin. Die bei bakteriellen Reifungsprozessen eiweißreicher Lebensmittel entstehenden Diamine Cadaverin und Putrescin liefern in der Hitze die sekundären Amine Pyrrolidin und Piperidin.

Rhodanid, das sich im Speichel, vor allem bei Rauchern, in relativ hohen Konzentrationen (bis zu 20 mg%) findet, katalysiert die Nitrosaminbildung aus Nitrit und sekundären Aminen. Die Nitrosaminbildung wird dagegen durch Ascorbinsäure gehemmt. Bei einem Verhältnis 2:1 von Ascorbat : Nitrit wurde die Nitrosaminbildung aus Morpholin und Piperazin zu 98% gehemmt. Auch Chlorogensäure hemmt die Nitrosaminbildung.

Beim Kochen von Lecithin mit Nitrit bei pH 3,5–7,0 wurde die Bildung flüchtiger Nitrosamine nachgewiesen.

Nitrosamine wurden im Tabakrauch, in Cerealien und manchen alkoholischen Getränken in Konzentrationen unter 5 ppm nachgewiesen. Der Verdacht, daß bei der *Maillard*-Reaktion, die beim Erhitzen von Eiweiß und Aminosäuren zusammen mit reduzierendem Zucker auftritt, Nitrosamine entstehen, wurde experimentell widerlegt. Durch Verfütterung eines 50—100 ppm Nitrit enthaltenden Fischmehls an Vieh wurden schwerste Leberschäden erzeugt. Bei Ratten lassen sich Tumoren erzeugen, wenn ihr Futter 2—5 ppm Nitrosamine enthält.

Durch Pökeln von Fleisch mit dem Nitrit enthaltenden Pökelsalz erhält das Fleisch einen geringen Gehalt an Nitrit. In einem 2 Jahre dauernden Fütterungsversuch, in dem Ratten in ihrem Futter 40% Fleisch erhielten, daß mit 0,5% oder 0,02% $NaNO_2$ behandelt worden war und das bis zu 4000 ppm $NaNO_2$ enthielt, ergab sich kein Hinweis auf eine toxische oder gar cancerogene Wirkung. Die verfolgten Parameter waren Wachstum, Lebensdauer, Hämatologie, Blutchemie, Leberfunktionsteste, Histologie der Organe und der DNS-Gehalt der Leberzellkerne (16).

3.4.2. Arsen

Infolge des ubiquitären Vorkommens von Arsen im Boden und damit in der Umwelt nimmt der Mensch regelmäßig kleine Mengen Arsen mit der Nahrung auf, im allgemeinen in der Größenordnung von 0,4—1,0 mg/Tag, davon 10—20 μg durch das Trinkwasser. Fleisch enthält im Mittel rund 0,5 μg/g, Gemüse und Cerealien etwa 0,4 μg/g. Fische und andere Meerestiere enthalten zum Teil beträchtliche Arsenkonzentrationen: in Shrimps wurden bis zu 40 ppm As gefunden, in anderen Krustaceen bis zu 170 ppm. Im Mittel rechnet man bei Seafood mit einem Arsengehalt von rund 4,6 ppm. Infolge der leichten Flüchtigkeit von Arsenverbindungen pflegt bei der Zubereitung der Speisen der Arsengehalt abzunehmen.

Der *gesamte Arsenbestand des Menschen* pflegt 14—21 mg zu betragen. Der As-Gehalt des Blutes beträgt im Mittel 0,18 ppm (0,10—0,64). In den meisten Organen sind 0,01—0,1 ppm As enthalten. Im Harn werden normalerweise 200—300 μg/Tag As ausgeschieden. Das in den Faeces ausgeschiedene As ist unresorbiert gebliebenes Arsen. Arsen wird vom Menschen nicht oder nur in geringem Umfange gespeichert, dagegen speichern Meerestiere Arsen.

Arsen[V] ist praktisch ungiftig. Es wird im Organismus nicht zu Arsen[III] reduziert. Dagegen ist As[III] erheblich toxisch. Es hemmt die SH-Enzyme, blockiert Liponsäure und verursacht dadurch erhebliche Störungen, vor allem im Bereich des Kohlenhydratstoffwechsels. Arsenik (As_2O_3) ist ein wohl bekanntes Gift, das in der Geschichte der Menschheit schon verschiedentlich eine Rolle gespielt hat. Die kleinste für den Menschen akut tödliche Dosis beträgt 0,076—0,15 g. Wegen der erheblichen Toxicität des As haben verschiedene Staaten Höchstmengen für den Gehalt der Lebensmittel an As festgesetzt. Die „Recommended Limits" für den Höchstgehalt an As in Lebensmitteln sind in den USA 2,6 ppm. Bei einer Calorienaufnahme von 2500 kcal beträgt bei Einhaltung des Limits von 2,6 ppm die Arsenzufuhr rund 5 mg/Tag (26).

Die Hauptsymptome einer *chronischen Arsenvergiftung* sind Choleraähnliche Brechdurchfälle infolge von entzündlichen Veränderungen der Schleimhäute des Intestinaltrakts, Entzündungen der Schleimhäute von Rachen, Nase und Augen, Polyneuritiden und eine Melanose.

In einem sich über 3 Generationen von Mäusen erstreckenden Versuch, in dem die Tiere 3 ppm As (in Form von Arsenit) im Trinkwasser erhielten, ergaben sich keine Hemmung des Wachstums oder Verkürzung der Lebensdauer. Jedoch wurden leichte Veränderungen im Bereich der Fortpflanzung festgestellt: Verkleinerung der Wurfzahl und eine Verschiebung der Relation Männchen/Weibchen in den Würfen (27).

Bei einer „normalen" As-Zufuhr beträgt der As-Gehalt der Haare 1–2 ppm.

3.4.3. Cadmium.

Neugeborene enthalten kein Cadmium. Im Verlaufe des Lebens nimmt infolge der ständigen Aufnahme von kleinen Mengen Cadmium mit der Atemluft, dem Trinkwasser und den Lebensmitteln der Gehalt des Organismus ständig zu, da Cadmium kumuliert wird. Der maximale Cadmiumgehalt wird zumeist bei einem Lebensalter von 50 Jahren erreicht. Das Ausmaß der Speicherung hängt von der Größe der Kontamination der Umwelt ab. In der Bundesrepublik wurden bei Personen, die nicht gewerbsmäßig mit Cadmium in Berührung kamen, folgende Cd-Konzentrationen (bezogen auf das Feuchtgewicht) gefunden:

Blut	1 – 7 µg/100 ml
Gehirn, Lunge, Herz, Muskel	1 – 45 µg/100 g
Leber	10 – 390 µg/100 g
Niere	120 – 1500 µg/100 g.

Werte derselben Größenordnung wurden auch in England festgestellt.

Cadmium begleitet das Zink in der Natur. In den meisten Böden und Mineralien beträgt der Quotient Cd/Zn rund 100–10 000. Phosphatdünger sind häufig mit Cadmium verunreinigt. Pflanzen und Trinkwasser pflegen daher einen kleinen „natürlichen" Gehalt an Cd zu haben.

Hinzu kommt die Möglichkeit einer Kontamination von Lebensmitteln, da Zink und Zinkgeräte zumeist etwas Cadmium enthalten, ferner cadmiumhaltige Legierungen und galvanisch mit Cadmium überzogene Metallgeräte hergestellt werden. In den meisten Ländern ist allerdings deren Gebrauch zur Herstellung von Eßgeschirren, Konservendosen, Maschinenteilen u. dgl., die bei der Zubereitung oder Verarbeitung von Lebensmitteln Verwendung finden, verboten, da sie zu Cadmiumvergiftungen Anlaß gegeben haben. Eine Kontamination der Luft mit CdO kann beim Schweißen oder Schmelzen cadmiumhaltiger Legierungen oder bei der Raffination von Zink erfolgen. CdS („Cadmiumgelb") wird als Malerfarbe verwendet.

Cadmium wird nur schlecht resorbiert, die Resorptionsrate ist zumeist bei 5—10% gelegen. Im Blut ist das Cd hauptsächlich an die Erythrocyten gebunden. Hauptspeicherorgan ist die Niere, in der Cd an ein spezifisches Protein „Metallothionein" gebunden wird. Metallothionein wurde auch in der Leber und im Blut aufgefunden. Es hat ein kleines Molekulargewicht (7000), seine eigentliche Funktion ist unbekannt. In der Niere macht es 1—2% der löslichen Proteine aus. Außer Cd bindet es auch Zn. Cadmium aktiviert einige Enzyme (Tabelle 27), es hemmt aber auch eine Anzahl von Enzymen. In Konzentrationen von über 10^{-8} M expandiert Cadmium Phospholipidfilme, speziell von Phosphattidyläthanolamin und Phosphatidylserin. Durch $5 \cdot 10^{-6}$ m wird die oxydative Phosphorylierung von Rattenlebermitchondrien entkoppelt. t/2 beträgt beim Menschen 16—33 Jahre.

Der Cd-Gehalt von Lebensmitteln wurde in der Bundesrepublik zu 0,1—150 µg/100 g Frischgewicht bestimmt. Fleisch enthält 15—20 µg/ 100 g, Obst und Gemüse 5—28, Hülsenfrüchte 15—30, Getränke 15—28. Die Tagesaufnahme an Cadmium wurde in der Bundesrepublik zu 115—330 µg, für die USA zu 213—469 µg ermittelt. Ein gewerblich nicht mit Cadmium in Berührung kommender Mensch hat einen Cadmiumbestand von etwa 20—30 mg.

100 ppm Cd im Futter bewirkt bei Versuchstieren (Hühner, Ratten, Mäuse) eine Wachstumsverzögerung und verschlechtert die Resorption von Eiweiß und Fett aus dem Darm. Bei höheren Zufuhren nimmt die Letalität stark zu. Bei 412 ppm Cd im Futter von Mäusen starben innerhalb von 3 Wochen 8% der Tiere, bei 2060 ppm 59% und bei 4120 ppm 75%. 5 ppm Cd im Trinkwasser von Ratten bewirkten keine Wachstumsverzögerung, ergaben aber eine erhöhte Absterbrate sowie eine erhöhte Tumorrate.

Bei der *chronischen Cd-Vergiftung* stehen *Nierenschäden* im Vordergrund. Sie geben zu einer Proteinurie Anlaß, bei der zahlreiche niedermolekulare Proteine ausgeschieden werden, ferner zu einer Glucosurie und verstärkten Aminosäureausscheidung, zur Einschränkung der Konzentrierungsfähigkeit der Niere und der Ausscheidung von Säure. Die Calciumausscheidung nimmt zu und die Knochen zeigen eine Osteomalacie, verbunden mit Spontanfrakturen. Weitere Symptome sind eine Hypertonie und eine Atrophie der Gonaden.

Die Nierenschäden treten auf, wenn der Cd-Gehalt der Niere 200 mg/kg überschreitet. Wenn die Gesamtaufnahme an Cd 1 mg/kg Körpergewicht und Tag nicht übersteigt, ist es unwahrscheinlich, daß der Cd-Gehalt der Nierenrinde 50 mg/kg überschreitet, unter der Voraussetzung, daß die Resorptionsrate 5% beträgt und die Tagesausscheidung 0,005% der aufgenommenen Dosis beträgt. Unter Einkalkulierung einer Sicherheitsspanne schlägt ein Expert Committe der WHO/FAO daher als tolerable Aufnahme von Cd 400—500 µg in der Woche vor (38).

Gegenwärtig ist die Kontamination der Luft mit Cd nur gering. Sie beträgt etwa 0,001 µg/m³, so daß mit einer maximalen Inhalation von etwa 0,02 µg/Person/Tag zu rechnen ist. Neuere Untersuchungen haben gezeigt, daß 1 Zigarette 2 µg Cd enthält, so daß bei schweren Rauchern die Cd-Inhalation meßbar vergrößert ist. Das Trinkwasser enthält zumeist — auch in Industriegebieten — 1 µg/l. Die zulässige Höchstmenge beträgt 10 µg/l.

3.4.4. *Quecksilber*

Vergiftungen mit Methylquecksilber $Hg(CH_3)_2$ in Japan lenkten die Aufmerksamkeit in verstärktem Maße auf die *Kontamination der Umwelt mit Quecksilber*. Quecksilber war schon immer in der Erdrinde und damit auch in Gewässern und in der Luft vorhanden. Seine industrielle Erzeugung und Verwertung — nicht zuletzt auch im Pflanzenschutz — ferner die bei der Verbrennung von Kohle und Öl freiwerdenden Quecksilbermengen haben die Kontamination vergrößert. Der Weltverbrauch an Quecksilber beträgt gegenwärtig rund 10 000 Tonnen im Jahr. Es ist damit zu rechnen, daß die Belastung der Meere mit Quecksilber zur Zeit im Jahr 10 000 Tonnen beträgt, von denen nach den vorliegenden Schätzungen 50—70% durch den Menschen beigesteuert werden. Der Rest entfällt auf den natürlichen Prozeß der Aufnahme aus der Erdrinde.

Quecksilber liegt in der Umwelt in verschiedenen Formen vor und zwar als elementares Quecksilber, in Form von anorganischen Quecksilberverbindungen (z.B. $HgCl_2$ und HgS) oder in Form von organischen Quecksilberverbindungen (Alkyl- und Arylquecksilberverbindungen). Die Toxicität der einzelnen Quecksilberverbindungen ist sehr unterschiedlich. Am gefährlichsten für den Menschen ist das Methylquecksilber. Die Methylierung des Quecksilbers erfolgt hauptsächlich mikrobiell, außerdem kann es in geringerem Umfange auch nicht enzymatisch infolge einer Methylierung mit Methylcobalamin entstehen, das in Mikroorganismen und im Säugetierorganismus vorkommt.

Hg^{2+} und organische Quecksilberverbindungen reagieren mit den SH- und S-Gruppen von Proteinen und verändern dadurch die spezifischen Funktionen der Proteine im Organismus. Sie reagieren weiterhin auch mit Pyrimidinen, Purinen, Nukleosiden, Nukleotiden und Nukleinsäuren.

Anorganische Quecksilberverbindungen werden nur schlecht resorbiert Von $HgCl_2$ werden nur etwa 2% resorbiert, von Phenylquecksilber 50% und mehr, von Methylquecksilber mehr als 90%. $^{203}Hg(CH_3)_2$ erscheint schon kurze Zeit nach der Aufnahme per os in den Erythrocyten. Etwa 50% der Dosis wird von der Leber aufgenommen, 10% durch das Gehirn, das somit große Mengen Methylquecksilber speichert. Die biologische t/2 von Methylqucksilber beträgt beim Menschen 70–74 Tage. In den Faeces werden in den ersten Tagen 3–4% der Dosis ausgeschieden, später etwa 1% im Tag. Durch die Niere werden je Tag nur etwa 0,1% der Dosis ausgeschieden. Hg wird in den Haaren gespeichert. Zwischen dem Hg-Gehalt der Haare, seiner Konzentration im Blut, insbesondere in den Erythrocyten und der Höhe der Quecksilberaufnahme besteht eine gewisse Korrelation. Bei Vögeln wird entsprechend das Quecksilber in den Federn gespeichert.

Tab. 33   Die „natürliche" Quecksilberkonzentration in der Umwelt.

Luft	$0,02 \text{ g/m}^3$	(Speicherzeit ca. 2 Jahre)
Normales Grundwasser	0,01–0,07	ppb
Fluß- und Seewasser	0,08–0,12	ppb
Regenwasser	0,2 –2,0	ppb
Böden	0,05	ppm
Meeres-Sediment (Pazifik)	1 –400	ppb

Via Pflanzen und damit auch Milchprodukte und Fleisch ist die Aufnahme von Quecksilber nicht groß, vorausgesetzt, daß keine Quecksilberverbindungen mehr zum Pflanzenschutz eingesetzt werden. Hauptquellen für die Aufnahme von Quecksilber mit der Nahrung sind Fische, Muscheln und Krebse. Das in ihnen enthaltene Methylquecksilber stammt aus dem natürlichen Boden-Sediment, teils – in kontaminierten Gegenden – aus der Kontamination. Es wird entweder von den Sediment-Bakterien gebildet oder in der Nahrungskette. 85–90% des in den Fischen enthaltenen Hg entfällt auf Methylquecksilber. Der relativ hohe „natürliche" Hg-Gehalt der Fische ist dadurch bedingt, daß die von den Algen bzw. Plankton bis zu den essbaren Fischen führende Nahrungskette zu einer Anreicherung von Hg Anlaß gibt und Fische zudem auch noch Hg direkt aus dem Wasser aufnehmen können. Der Hg-Gehalt der

Fische hat – abgesehen von den Verhältnissen in einigen lokal kontaminierten Gegenden – zum mindesten seit 1934 (Stock 32) – nicht zugenommen, vermutlich auch nicht seit 1840, denn die Untersuchung von Federn fischfressender Vögel aus Museen ergab keinen höheren Hg-Gehalt als er bei heute lebenden gefunden wird. Einen relativ hohen Hg-Gehalt weisen Tunfische und Schwertfische auf. Letztere enthalten meistens über 0,5 ppm, im Mittel 2,3 ppm Hg. Es liegen jedoch keine Anhaltspunkte vor, daß dies durch eine erst neuerdings einsetzende Kontamination bedingt ist. Weltweit gesehen haben 99% der gegenwärtig gefangenen Fische einen Hg-Gehalt von nicht mehr als 0,5 ppm und 95% einen Gehalt von weniger als 0,3 ppm.

Die niederste Konzentration von Hg im Blut, bei der noch keine Symptome, insbesondere keine neurologischen Symptome, einer Quecksilbervergiftung beobachtet wurden, war 0,2 μg/g entspr. 0,4 μg/g in den Erythrocyten und 60 μg/g Haar. Auf Grund dieser Beobachtung und weiterer ähnlicher Erfahrungen wurde von einem Expert Committee der WHO/FAO (38) als vorläufige „acceptable daily intake" (ADI, „safe intake") eine Hg-Aufnahme von 0,3 mg Hg/Woche, davon nicht mehr als 0,2 mg in Form von Methylquecksilber, festgesetzt. Dies entspricht einer Tagesaufnahme von 43 μg Hg bzw. von 0,6 μg/kg Körpergewicht und Tag entsprechend einer Hg-Konzentration von 0,02 μg/g Blut und von 0.6 μg/g im Haar.

Bei Personen mit einem hohen Fischverzehr aus dem Eriesee (USA), wurde eine durchschnittliche Hg-Konzentration im Haar von 3,7 ppm festgestellt gegenüber 0,9 ppm bei Personen, die keine Fische aufnehmen.

Tab. 34   Quecksilbergehalt von Lebensmitteln.
Analysen aus der BDR, Dänemark, Kanada, Schweden und USA.

Angaben in ppm.

Milch	0,0006–0,008	Kartoffeln	0,002–0,08
Eier	0,002 –0,029	Getreide	0,002–0,25
Gemüse	0,002 –0,28	Obst	0,004–0,08
Fleisch	0,001 –0,01		

In Schweden wurde der Hg-Gehalt einer durchschnittlichen, fischfreien Ernährung zu rund 10 μg/Tag bestimmt.

2 „Epidemien" von Methylquecksilbervergiftungen („Minamata Disease") wurden in Japan durch den Verzehr von Fischen ausgelöst, die große Mengen von Methylquecksilber durch Kontamination einer Meeresbucht enthielten. Das Vergiftungsbild bestand in Erblindungen, Ataxie und anderen Symptomen von Seiten des ZNS, da Methylquecksilber

vor allem im Gehirn gespeichert wird. Bei tödlichen Vergiftungen wurden im Gehirn 3–48 µg/g Hg festgestellt. 1959 enthielt das Wasser der Minamata Bay bis zu 133 ppm Hg. In den Fischen und Muscheln aus dieser Bay wurden 11–24 ppm Hg gefunden. Die Hg-Konzentration in den Haaren der Patienten lag zwischen 52 und 570 ppm.

Vergiftungen mit Quecksilber wurden auch bei Vögeln beobachtet, vor allem in Schweden, als dort das Saatgut noch mit Hg-Verbindungen behandelt wurde. Akute Vergiftungen traten bei einer Aufnahme von 12–20 mg Hg/kg Körpergewicht auf. Fasanen starben innerhalb von 29–61 Tagen, wenn ihr Futter 15–20 ppm Methylquecksilber enthielt. Leber und Nieren der gestorbenen Fasanen enthielten 70–130 ppm Hg.

Zur experimentellen Erzeugung der Minamata Krankheit bei Katzen sind Tagesdosen von $HgCH_3$ von 0,8–1,6 mg/kg Körpergewicht täglich bis zu einer Gesamtdosis von 8–56 mg Hg/kg erforderlich. Das Hg wird von ihnen zuerst in Leber und Nieren gespeichert, im Gehirn erst in den späteren Stadien der Erkrankung.

95 % aller Personen haben eine Hg-Konzentration im Blut unter 4 µg/100 ml. In Schweden wurden bei Personen mit einem hohen Fischverzehr, jedoch ohne klinische Symptome einer Hg-Vergiftung bis zu 60 µg/100 ml Blut festgestellt. Bei japanischen Patienten mit klinischen Symptomen der Minamata-Krankheit lagen die Blutwerte bei 130 µg/100 ml und höher.

3.4.5. Blei

Der *Bleibestand des „normalen Menschen"* wird auf etwa 130 mg geschätzt. Über 90% von ihm entfallen auf das Skelett. Personen, die nicht gewerblich mit Blei zu tun haben, weisen einen Pb-Gehalt des Blutes von weniger als 400 ng/ml auf. Die Pb-Ausscheidung im Harn beträgt üblicherweise weniger als 80 µg/l.

Blei bildet mit den SH-Gruppen von Aminosäuren und Proteinen Mercaptide. Es hemmt daher SH-Enzyme, wozu meist Konzentrationen von 10^{-3} M bis 10^{-4} erforderlich sind. Besonders empfindlich gegen Blei ist die Lipoamid-Dehydrogenase (E.C.Nr. 1.6.4.3.), die schon durch $6,5 \cdot 10^{-6}$ M Pb^{2+} gehemmt wird. Einige Enzyme werden durch Pb^{2+} aktiviert.

Pb^{2+} verändern die Struktur von Mitochondrien. Sie werden von Membran-Phosphatidylcholin fest gebunden.

Toxikologisch wichtig ist die Störung der Hämoglobinbildung durch Blei und zwar auf nahezu allen Stufen. Bei der Bleivergiftung werden daher vermehrt Poryphyrine, insbesondere Koproporphyrin und seine Vorstufen Porphobilinogen und ♂-Aminolävulinsäure im Harn ausgeschieden. Ferner findet man eine erhöhte Konzentration von Protoporphyrin

Tab. 35   Durch Blei aktivierbare Enzyme

Enzym	Enzymquelle
Alkalische Phosphatase	Meerschweinchen-Harn
Cytochromoxidase	Intestinum von Kaninchen
Glucose-6P-Dehydrogenase	Meerschweinchen-Niere
Glutaminsäure-Dehydrogenase	Meerschweinchen-Serum
Lactat-Dehydrogenase	Meerschweinchen-Niere
Sorbit-Dehydrogenase	Meerschweinchen-Serum
Steroid-3 β ol-Dehydrogenase	Kaninchen-Nebennieren
GOT	Meerschweinchen-Serum
GTP	Schaf-Erythrocyten

in den Erythrocyten, da der Einbau von Eisen gestört ist, ferner eine Vermehrung von Koproporphyrin und δ-Aminolävulinsäure im Blut. Besonders wichtig ist die Hemmung der δ-Aminolävulinsäure-Dehydratase, welche 2 Mole δ-Aminolävulinsäure zu Porphobilinogen dehydratisiert, und deren Abnahme im Blut aus diagnostischen Gründen. Die Abnahme des Enzyms im Blut wird schon bei einer relativ geringen Bleibelastung deutlich und erlaubt daher eine Diagnose schon im präklinischen Bereich.

In der neueren Zeit wurde der Bleigehalt der Umwelt hauptsächlich durch die Verbrennung bleihaltiger Kraftstoffe vermehrt. Im Jahre 1969 wurden in der Bundesrepublik 7000 Tonnen Blei auf diese Weise an die Luft abgegeben. In verkehrsarmen Gegenden beträgt der Bleigehalt der Luft 0,03 bis 0,1 $\mu g/m^3$, in Großstädten bis zu 15 $\mu g/m^3$ und unter besonders ungünstigen Klimaverhältnissen bis zu 35 $\mu g/m^3$. Regenwasser enthält 0,01−0,03 mg/l, Flußwasser 0,001−0,05 mg/l, Grundwasser 0,001−0,006 mg/l, Trinkwasser 0,01−0,03 mg/l. Bei langem Stehen in der Rohrleitung kann der Bleigehalt des Wassers bis auf 0,1−0,3 mg/l ansteigen. Der Bleigehalt der Böden beträgt normalerweise 5−100 mg/kg.

Tab. 36   Bleigehalt von Lebensmitteln in der Bundesrepublik.
Angaben in mg/kg Frischgewicht.

Pflanzliche Lebensmittel		Tierische Lebensmittel	
Oberirdische Gemüse	0,2−4,0	Fleisch	0,1 −0,2
Kartoffeln	0,1−0,5	Milch	0,02−0,05
Obst	0,2−0,5	Eier	0,02−1,0
Getreidekörner	0,3−8,0	Käse	0,64−1,3
		Fische	0,07−0,3

Pflanzen, die in der Nähe von stark befahrenen Verkehrsstraßen wachsen, zeigen ab einer Entfernung von etwa 50 m eine zunehmende Vermehrung ihres Bleigehaltes. In unmittelbarer Straßennähe werden Werte erreicht, die 3–5 mal höher sind als die in der Tabelle 36 angegebenen. Bier enthält 0,001–0,2 mg/kg, Wein 0,05–0,4.

Die Bleiaufnahme mit der Nahrung wird in der Bundesrepublik gegenwärtig auf etwa 0,3 mg/Tag geschätzt. Die gesamte Bleiaufnahme durch Nahrung, Atemluft und Trinkwasser ist bei 0,3–0,6 mg/Tag gelegen.

Im Durchschnitt werden rund 10% des mit der Nahrung und den Getränken zugeführten Blei resorbiert. Die Resorption kann stark durch Bestandteile der Nahrung beeinflußt werden. Sie wird durch Calcium und Phytat vermindert. Von dem inhalierten Blei werden im Mittel 40% resorbiert, wobei die Resorptionsrate jedoch stark von der Partikelchengröße abhängig ist.

Unter Voraussetzung der erwähnten Resorptionsgrößen wurde von einem Expertenkommittee der WHO/FAO als provisorische tolerable Dosis (ADI) eine Aufnahme von 3 mg Blei je Woche entspr. 0,05 mg/kg Körpergewicht und Woche festgelegt. Dies ergibt eine tolerable Tagesdosis von 0,43 mg Pb/Tag (38).

Hauptsymptome der *chronischen Bleivergiftung* sind *Anämie, Gewichtsverluste, Müdigkeit, Kopfschmerzen, Nierenschäden* (Proteinurie, vergrößerte Ausscheidung von Aminosäuren, erhöhter Harnsäurespiegel im Blut), *neurologische Symptome* (periphere Neuritis, Encephalopathie), Auftreten *intestinaler Koliken*. Die biochemischen diagnostischen Möglichkeiten der Erkennung der Bleiintoxikation wurden schon oben erwähnt.

4. Radioaktive Isotope

4.1. Die „natürliche" Radioaktivität

4.1.1. Kohlenstoff – 14

Alle Lebewesen enthalten von jeher einige radioaktive Isotope und weisen daher eine, wenn auch nur geringe „natürliche" Radioaktivität auf. Diese Isotope sind ^{14}C, ^{40}K sowie Glieder der Zerfallsreihen von Uran und Thorium, vor allem ^{226}Ra, ^{210}Pb und ^{210}Po. Von der Strahlenbelastung durch die „natürlichen" radioaktiven Isotopen entfallen 86% auf das ^{40}K, 6% auf den ^{14}C und 8% auf alle anderen.

Tab. 37   Die „natürlichen" radioaktiven Isotopen im Menschen.

Isotop	t/2 Jahre	Strahlung	Energie der Strahlung	MeV	Gehalt im Organismus nCi	Tagesaufnahme nCi
^{14}C	5600	ß	–	0,155	–	1700
^{40}K	10^9	ß, γ	–	1,35	114 β	2000–4000
^{226}Ra	16^{20}	χ, γ	4,79	–	14 γ	1–3

Der in der Natur vorkommende Kohlenstoff ist ein Gemisch von den 3 Isotopen: dem stabilen ^{12}C (98,892%), dem stabilen ^{13}C (1,108%) und dem radioaktiven ^{14}C ($1,46 \cdot 10^{-12}$%). 1 g natürlicher C weist in der Minute rund 15 Zerfälle auf. Ein Mensch mit einem Körpergewicht von 70 kg enthält im Mittel rund 1400 g C, entsprechend 3600 Zerfällen je Sekunde (100 nCi). Man kann hieraus berechnen, daß die Desoxyribonukleinsäure des Zellkerns jeder sechsten Zelle ein ^{14}C-Atom enthält.

Die Tagesaufnahme an C für den körperlich nicht schwer arbeitenden Menschen beträgt – bei erheblichen Schwankungen – im Mittel etwa 250 g entspr. 1700 pCi. Da sich der gesunde Erwachsene in einem Stoffwechselgleichgewicht befindet, bleibt die durch den ^{14}C bedingte Radioaktivität unverändert.

4.1.2. Kalium – 40

Das in der Natur vorkommende Kalium besteht aus 2 stabilen Isotopen ^{39}K (93,3%) und ^{41}K (6,7%) sowie dem radioaktiven ^{40}K (0,012%). 1 g natürliches K weist in der Sekunde 28,0 β-Zerfälle und

3,45 γ-Zerfälle auf. Der Kaliumbestand des Menschen ist in gewissem Umfange altersabhängig, das Maximum mit 150 g K pflegt im 22ten Lebensjahr zu bestehen. Mit zunehmendem Alter nimmt der K-Bestand etwas ab infolge des abnehmenden Muskelbestandes. Bei einem Kaliumbestand von 150 g weist der Mensch 4200 β-Zerfälle und 517 γ-Zerfälle je Sekunde auf entspr. einer γ-Aktivität von 114 nCi und einer β-Aktivität von 14 pCi. Die Tagesaufnahme an ^{40}K beträgt etwa 2000–4000 pCi. Da ^{40}K auch eine γ-Strahlung aufweist, läßt sich der Kaliumbestand des Menschen mit Hilfe des Ganzkörperzählrohrs bestimmen.

4.1.3. Radium – 226

Die Messungen von *Rajewsky* et al. (23) ergaben für Deutschland einen durchschnittlichen Gesamt-Radiumgehalt des Skeletts von 0,6 · 10^{-10} g ^{226}Ra, für die Muskulatur von 0,4 · 10^{-10} g und für den Erwachsenen insgesamt von 1,4 · 10^{-10} g. Die durch das ^{226}Ra bedingte Strahlenbelastung macht etwa 2% der „natürlichen" Strahlenbelastung aus. Höhere Werte für das ^{226}Ra können in Gegenden vorkommen, in denen der Boden stärker radiumhaltig ist, bzw. auch das Trinkwasser.

Die Tagesaufnahme an ^{226}Ra beträgt in der Bundesrepublik etwa 2–4 pCi, davon aus dem Trinkwasser rund 0,3 pCi. Hauptträger für das Nahrungs-Radium sind die Cerealien, die etwa 60–70% des gesamten Radium beisteuern. Milch und Milchprodukte machen 6–7%, Fleisch 5–6% der Gesamtaufnahme aus.

Die biologische t/2 des ^{226}Ra wurde für den Menschen zu 9,0 ± 1,8 Jahren bestimmt.

Tab. 38   Mittlere Gesamt- α-Aktivität von Lebensmitteln (*Turner* 35).

	α-Aktivität pCi		α-Aktivität pCi
Hafermehl	17,8	Eier	0,7
Frühstückscerealien	12,0	Fleisch, Fleischprodukte	0,6
Mehl, Brot	6,8	Kartoffeln	0,2
Kakao, Schokolade	6,7	Grüne Gemüse	0,2
Käse	1,15	Milch	0,19
Fette	0,90	Obst	0,1
Fische	0,85	Zucker	0,1

4.1.4. Blei – 210 und Polonium – 210

^{210}Pb und ^{210}Po sind regelmäßig im menschlichen Organismus vorhanden. Sie stammen aus 2 Quellen: aus der Umwelt und endogen durch Zerfall des inkorporierten ^{226}Ra. Die Hauptmengen von ^{210}Pb und ^{210}Po befinden sich im Skelett, das im Mittel je 0,15 pCi der beiden Isotopen je g Asche enthält.

Tab. 39 Mittelwerte für ^{210}Pb und ^{210}Po in den Organen des Menschen (4).

Organ	^{210}Pb pCi/kg	^{210}Po pCi/kg
Leber	14,5 + 2,0	9,2 + 1,1
Niere	11,3 + 2,2	4,3 ± 0,7
Gonaden	6,9 ± 1,0	7,0 ± 1,2
Lungen	5,1 ± 1,4	6,4 ± 1,9
Thyreoidea	5,4 ± 1,6	7,7 ± 1,9
Milz	3,5 ± 0,3	3,7 ± 0,6
Pancreas	2,9 ± 0,3	2,8 ± 0,4
Herz	0,5 ± 0,1	0,4 ± 0,2

In New York wurde die Aufnahme von ^{210}Pb aus der Luft zu 0,30 pCi, aus dem Trinkwasser zu 0,05 pCi und aus der Nahrung zu 1,2 pCi, zusammen zu 1,57 pCi/Tag bestimmt. Die Resorptionsquote des alimentär aufgenommenen ^{210}Pb entspricht derjenigen des inaktiven Pb, die rund 10% beträgt. Eine Korrelation zwischen der Aufnahme von ^{210}Pb und der von inaktivem Blei besteht nicht. Die Resorptionsquote des ^{210}Po aus der Nahrung beträgt im Mittel 7%. Raucher enthalten wesentlich mehr ^{210}Pb und ^{210}Po in ihren Organen und im Skelett als Nichtraucher und zwar im Skelett etwa das Doppelte und in den Lungen das Vierfache. Die Mehraufnahme erfolgt durch Inhalation. Tabak enthält relativ viel ^{210}Po. Die biologische t/2 des ^{210}Pb wird auf 1600 Tage, die des ^{210}Po zu 25 Tagen geschätzt.

Die Strahlenbelastung des Skeletts beim Nichtraucher aus ^{226}Ra + ^{228}Ra beträgt etwa 15 mrem/Jahr, aus ^{210}Pb + ^{210}Po 50 mrem/Jahr und aus ^{14}C + ^{40}K 20 mrem/Jahr, insgesamt also aus „natürlichen" Quellen rund 85 mrem/Jahr (12).

4.1.5. Uran

Der Gesamtbestand des Menschen an Uran wird auf 0,43 mg geschätzt. Uran reichert sich im Knochen an, der Gehalt ist bei 0,027 µg/g Knochenasche gelegen. Die Konzentration im Blut beträgt, je nach dem Urangehalt der Umwelt, $1-20 \cdot 10^{-10}$ g/g Vollblut. (^{238}U + ^{234}U). In der Lunge wurden im Mittel $1 \cdot 10^{-10}$ g/g Feuchtgewicht festgestellt. Die Aufnahme von Uran mit der Nahrung ist in der Größenordnung von $1-2$ µg/Tag gelegen. Die Resorptionsquote löslicher Uranverbindungen beträgt 0,5–5,0%. Die Uranausscheidung im Harn wurde zu 0,03–0,3 µg/Tag bestimmt.

4.2. Die radioaktive Kontamination der Umwelt durch Kernwaffenversuche

4.2.1. Allgemeines

Bei den Kernwaffenversuchen entstehen direkt oder indirekt durch Neutronenstrahlen induziert etwa 200 verschiedene radioaktive Isotope, die großenteils in Form von feinen Partikelchen in große Höhen emporgeschleudert werden und dann langsam als „radioaktiver Fallout" auf die Erdoberfläche niedersinken. Auf Grund von Strömungen in der Stratosphäre ist das Maximum der Kontamination der Erdoberfläche mit radioaktiven Isotopen zwischen dem 30ten und 60ten Grad nördlicher Breite gelegen. Der größte Teil des Fallout gelangt mit den Niederschlägen (Regen, Schnee) auf die Erdoberfläche. Gefährlich für den Menschen sind nur diejenigen Isotopen, die in die Biosphäre eindringen und direkt oder über die Nahrungskette Erde bzw. Wasser → Pflanzen → Tier von ihm inkorporiert werden. Hierzu müssen sie 3 Eigenschaften besitzen:

1. Eine längere Lebensdauer. Kurzlebige Isotope mit einer Halbwertszeit von wenigen Tagen oder darunter spielen deswegen keine Rolle, weil die Zeit zwischen ihrem Entstehen und Auftreten im Fallout nach den bisherigen Erfahrungen mindestens mehrere Tage, zum Teil Jahre beträgt.
2. Gefährlich sind nur Isotope, die inkorporierbar sind. Völlig Unresorbierbare sind ungefährlich.
3. Ihre Ausbeute bei der Kernwaffenexplosion muß groß sein. Diese Eigenschaften vereinigen nur wenige der entstehenden Isotopen. Die wichtigsten unter ihnen sind ^{90}Sr, ^{131}J und ^{137}Cs.

Tab. 40 Biologisch wichtige Isotope im Fallout.

Isotop	t/2		Strahlung	MZM in μCi
^{65}Zn	250	Tage	ß, γ	400
^{89}Sr	51	Tage	ß	2
^{90}Sr	28	Jahre	ß, γ	0,1
^{131}J	8	Tage	ß, γ	0,6
^{137}Cs	27	Jahre	ß, γ	98
^{140}Br	12,8	Tage	ß, γ	1
^{239}Pu	24 000	Jahre	α, γ	0,02

Das Maximum der radioaktiven Kontamination der Lebensmittel war 1963/1964. Infolge der damaligen Einstellung der Kernwaffenversuche an der offenen Luft nimmt die Kontamination gegenwärtig ständig ab.

4.2.2. Strontium – 90

^{90}Sr wird vom Menschen hauptsächlich mit der Nahrung aufgenommen. Die Aufnahme mit dem Trinkwasser und via Lunge spielt praktisch keine Rolle.

^{90}Sr ist in den Pflanzen ganz ungleichmäßig verteilt. Mengenmäßig ist die Aufnahme durch die oberirdischen Pflanzenteile größer als durch die Wurzeln. Letztere macht etwa 20–40% der Gesamtaufnahme aus. Getreidekörner besitzen nur etwa 10% der Aktivität, die in den Stengeln und Blättern der Getreidepflanzen gefunden wird. Auch innerhalb der Getreidekörner ist die Verteilung ganz ungleichmäßig. Weitaus die Hauptmenge befindet sich in den Kleiebestandteilen. Vollkornbrot enthält daher wesentlich mehr ^{90}Sr als Weißbrot. Ganz allgemein läßt sich sagen, daß, abgesehen von Reis und den Cerealien, die höchste Kontamination Gemüsearten aufweisen, die eine große Oberfläche besitzen.

Aufnahme, Verteilung, Stoffwechsel und Einbau in das Skelett des ^{90}Sr vollzieht sich nach denselben Gesetzmäßigkeiten wie die des inaktiven Strontium und sehr ähnlich wie die des Calcium. Bei einer Konkurrenz zwischen Ca und Sr bevorzugt der Organismus das Calcium. Jeweils beim Durchtreten durch eine Membran findet eine Verdünnung „Diskriminierung" des Sr zugunsten des Ca statt. Der Verdünnungsfaktor („Diskrimination"), also der Quotient

$$\frac{Sr/Ca \quad \text{im Organismus}}{Sr/Ca \quad \text{in der Nahrung}}$$

ist die Resultante vieler Einzelvorgänge, die das Strontium auf dem Wege zu den Apatitkristallen des Knochens zahlreiche Zellgrenzen passiert und außerdem noch die Niere die Ausscheidung von Sr^{2+} gegenüber Ca^{2+} bevorzugt und damit in die Verhältnisse im extracellulären Raum eingreift. Die multiplikative Diskriminierung Knochen – Lebensmittel wird häufig als OR („observed ratio") bezeichnet. Sie beträgt für Mensch und Tiere 0,20–0,25. In eigenen Untersuchungen fanden wir bei neugeborenen Ratten eine OR von 0,42, die aber im Verlaufe der ersten 4 Lebenswochen auf den Normalwert von 0,20 abfiel. Die Plazentarschranke bedingt ebenfalls eine Diskriminierung und zwar um 0,5. Die Gesamtdiskriminierung Fetus/Nahrung der Mutter beträgt daher 0,10–0,12. Auch bei der Milchsekretion findet eine weitere Diskriminierung statt, so daß die OR Milch/Nahrung bei allen untersuchten Species einschließlich Mensch zu 0,10–0,14 gefunden wurde. Bei in vitro Versuchen wurde eine Diskriminierung Inkubationsmedium/Zellen bzw. auch Mitochondrien festgestellt.

Die Angaben über den ^{90}Sr-Gehalt von Lebensmitteln oder des Organismus werden häufig als pCi ^{90}Sr/g Ca („Sunshine Unit", SU) gemacht. Da das Skelett des Menschen im Mittel 1000 g Ca enthält und die MZM für das ^{90}Sr zu 0,1 µCi angenommen wird, entsprechen 100 pCi ^{90}Sr/g Ca der MZM. 1 SU ist also 1% der MZM gleichzusetzen. 1 pCi ^{90}Sr entspricht 2,2 Zerfällen in der Minute.

Dire Resorption des ^{90}Sr vollzieht sich wie die des Ca^{2+} in den oberen Darmabschnitten. Lactose verbessert die Resorption beider Ionen. Eine geringe Zufuhr von Ca^{2+} begünstigt die Resorption des $^{90}Sr^{2+}$. Dagegen hat die Anreicherung der Nahrung mit unphysiologisch hohen Calciummengen keinen Einfluß auf die Resorption des $^{90}Sr^{2+}$. Die theoretisch mögliche Verminderung der Resorption von $^{90}Sr^{2+}$ durch große Dosen an stabilem Sr^{2+} ist nach unseren Befunden nicht gangbar, da die Dosen von inaktivem Sr verlangt, die schon in den toxischen Bereich fallen.

Die Kinetik der Ablagerung von ^{90}Sr im Skelett bei der Ratte wurde von uns in einem sich über 5 Generationen von Ratten erstreckenden Versuch studiert. Der Anstieg der spez. Aktivität im Skelett läßt sich durch die Exponentialfunktion

$$SE_t = SE_{max} \ (1 - e^{-0,127 \ t})$$

beschreiben. Die Kapazität des Skeletts für die Aufnahme von ^{90}Sr ist bei wachsenden Tieren 2–3 mal größer als bei erwachsenen. Das Aufnahmevermögen fällt von anfänglich 9–11% der Knochenasche auf 3–5% bei erwachsenen Tieren ab, was etwa der Fraktion des leicht austauschbaren Ca entspricht. Dieselben Gesetzmäßigkeiten stellten wir auch für die Aufnahme von stabilem Strontium in das Skelett der Ratte fest. Zwischen Retention im Skelett und Ausscheidung stellt sich nach etwa 70 Wochen ein dynamisches Gleichgewicht ein.

Die Beobachtungen beim Menschen über den Einbau von 90Sr in das Skelett stimmen im Grundsätzlichen mit den Befunden im Tierversuch überein. Auch beim Menschen wird ein Gleichgewichtszustand mit der Nahrung erreicht, bei dem der ^{90}Sr-Gehalt des Skeletts konstant bleibt und nur noch Austauschprozesse stattfinden. Im Mittel beträgt die Austauschrate beim Menschen 2–3% des ^{90}Sr-Bestandes im Jahr. Die Austauschrate ist jedoch bei den einzelnen Knochen unterschiedlich. Sie beträgt für die langen Röhrenknochen etwa 1%, für die Wirbelknochen etwa 8%.

Vitamin D hat einen Einfluß auf die Ablagerung von $^{90}Sr^{2+}$ im Skelett. Versuche an Ratten in unserem Institut zeigten, daß mit steigenden Vitamin D-Dosen die Resorption des $^{90}Sr^{2+}$ verbessert und der Diskriminierungsfaktor vergrößert wird. Umgekehrt nimmt die Diskriminierung bzgl. der Ausscheidung des Sr durch die Niere ab. Das Endergebnis aller dieser Veränderungen ist eine Begünstigung der ^{90}Sr-Ablagerung im Skelett.

Weidetiere und Wild haben eine viel größere ^{90}Sr-Konzentration im Skelett als der Mensch, da ihre Nahrung wesentlich mehr ^{90}Sr enthält.

4.2.3. Jod – 131

Bei manchen Kernwaffenversuchen wurde auch die Bildung von ^{131}J nachgewiesen. Kleine Mengen dieses Radionuklids werden in Form von Aerosol-Partikelchen eingeatmet. Die Hauptmenge erreicht die Erde als Fallout, bewirkt eine Kontamination der Vegetation und wird daher vom Weidevieh aufgenommen. Die ^{131}J-Konzentration im Fallout ist zwar nur gering. Da die Kühe aber beträchtliche Mengen Gras fressen, nehmen sie relativ viel ^{131}J auf. Das meiste ^{131}J wird von ihnen in der Schilddrüse gespeichert, jedoch werden rund 10% der aufgenommenen Menge in die Milch abgegeben. Der ^{131}J-Gehalt des Menschen wird weitgehend von der Höhe des Milchverzehrs bestimmt. 1961/1962 wurden in den USA in den Schilddrüsen von Erwachsenen, die keine Milch verzehrten 4,3 ± 4,9 pCi ^{131}J festgestellt, in den Schilddrüsen von Erwachsenen, die einen hohen Milchverzehr hatten, 57 ± 33 pCi und in den Schilddrüsen von Kindern 83 ± 29 pCi. 1962 wurden in der Bundesrepublik im Mittel 106 pCi ^{131}J/kg Milch gemessen. ^{131}J reichert sich in der Milch in der Fettphase an, so daß etwa 60% des Radionuklids in die Butter übergehen. Die in den Schilddrüsen von Menschen festgestellten ^{131}J-Werte betragen nur rund 0,5% der in den Schilddrüsen von Kühen gemessen. Die Halbwertszeit von ^{131}J beträgt nur 8 Tage. Die Gefährdung des Menschen durch ^{131}J ist daher relativ gering.

4.2.4. Caesium – 137

^{137}Cs verhält sich im Stoffwechsel ähnlich wie K^+. Seine Verteilung im Organismus entspricht daher der des Kalium. Die Hauptmenge findet sich in der Muskulatur. Das Skelett enthält nur etwa 4% des Gesamtbestandes an ^{137}Cs. Die Diskriminierung erfolgt zugunsten des ^{137}Cs, das also bevorzugt von den Zellen aufgenommen wird. Es besitzt auch eine größere biologische t/2 als das Kalium, nämlich im Mittel 110 Tage gegenüber 50–60 Tagen beim Kalium. Da ^{137}Cs γ-Strahlen emittiert, läßt es sich mit Hilfe des Ganzkörper-Zählrohrs im Organismus bestimmen.

Gaben von stabilem Caesium haben keinen Einfluß auf die ^{137}Cs-Retention im Organismus. Der normale Gehalt der Nahrung an stabilem Cs ist nur gering und bei etwa 65 ppm gelegen. Der Gesamtbestand des Menschen an stabilem Caesium beträgt nur 2–3 mg.

Angaben über den Gehalt des Menschen an ^{137}Cs und die Zufuhr mit der Nahrung in der Bundesrepublik findet man in den Tabellen 41, 42, 43, 44.

Tab. 41 Mittlere Tagesaufnahme an Radioisotopen Mai–Juni 1961 in den USA (19).

Bevölkerungsgruppe	Ca in g	90Sr in pCi	226Ra in pCi	K in g	40K in pCi	137Cs in pCi	144Ce in pCi
Kinder	1,2	7,8	1,0	2,5	2000	27	1,0
Teenager, kleines Einkommen	1,8	15	1,8	5,4	4600	39	2,4
Teenager, mittleres Einkommen	1,6	11	2,5	4,9	4200	37	1,9
Erwachsene, mittleres Einkommen	0,82	7,1	1,9	3,3	2700	29	1,3

Tab. 42 Gehalt der Knochen und des Gesamtkörpers von Kindern (Alter 11 Tage bis 1 Jahr) und von Erwachsenen (über 20Jahre) an 90Sr in der Bundesrepublik.

Bundesminister für wiss. Forschung. „Umweltschutz und Strahlenbelastung". Jahresbericht 1968. Verlag Gerlach und Sohn (München).
Alle Angaben sind Mittelwerte. Die Angaben über den 90Sr-Gehalt des Knochens beziehen sich auf das Feuchtgewicht.
Die Angaben über den Gesamtkörper sind geschätzte Werte.

Jahr	Knochen				Gesamtkörper	
	Kinder pCi/g Ca	pCi/kg	Erwachsene pCi/g Ca	pCi/kg	Kinder pCi	Erwachsene pCi
1958	1,7	–	0,1	–	95	120
1959	1,6	55	0,2	46	90	140
1960	2,0	110	0,3	32	94	220
1961	1,1	37	0,4	44	21	480
1962	1,7	47	0,4	61	37	520
1963	3,9	136	0,5	53	170	590
1964	5,4	160	0,8	76	330	870
1965	4,8	170	0,9	74	230	1600
1966	3,6	100	1,0	77	220	1730
1967	2,8	85	1,0	72	136	1673
1968	1,8	59	0,9	95	40	995

Tab. 43   Gesamtzufuhr an ^{90}Sr und ^{137}Cs je Tag und Person in der
Bundesrepublik. (Wie Tabelle 42)

Jahr	^{90}Sr pCi	% der MZM	^{137}Cs pCi	% der MZM
1963	35	13	308	2,1
1964	31	11	260	1,8
1965	25	9	225	1,5
1966	19	7	123	0,9
1967	15	6	77	0,5
1968	13	5	43	0,3

Tab. 44   Zufuhr von ^{90}Sr und ^{137}Cs durch die einzelnen
Lebensmittelgruppen in der Bundesrepublik (Wie Tabelle 42).

Lebensmittelgruppe	% der Zufuhr an ^{90}Sr		% der Zufuhr an ^{137}Cs	
	1963	1968	1963	1968
Milch+Milchprodukte	38	36	23	27
Getreideerzeugnisse	35	17	28	18
Kartoffeln	6	16	12	6
Gemüse	4	11	1	1
Obst	12	13	11	8
Fleisch, Fisch, Eier	2	4	22	34
Getränke	3	3	4	6

Literatur

1. *Baker, P. F.,* Endeavour **25**, 166 (1966).
2. *Baur, H.,* Der Wasser- und Elektrolythaushalt des Kranken. (Springer-Verlag. Berlin, Heidelberg, New York 1972).
3. *Bernhard, F. W., Savini, S.* und *Tomarelli, R. M.,* J. Nutr. **98**, 443 (1969).
4. *Blanchard, R. L.,* Health Phys. **13**, 652 (1967).
5. *Deutsche Gesellschaft für Ernährung,* Die wünschenswerte Höhe der Nahrungszufuhr. 2. Aufl. (Umschau Verlag. Frankfurt/Main) 1962.
6. *Dolphin, G. W.* und *Eve, I. S.,* Phys. Med. Biol. **8**, 193 (1963).
7. *Elwood, P. C., Newton, D., Eatkins, J. D.* und *Brown, D. A.,* Am. J. clin. Nutr. **21**, 1162 (1968).
8. *Elwood, P. C., Waters, W. E.* und *Sweetman, P.,* Clin. Sci. **40**, 31 (1971).
9. *Fritz, J. C., Pla, G. W., Roberts, T., Boehne, J. W.* und *Hove, E. L.,* J. agr. Food Chem. **18**, 647 (1970).
10. *Heinrich, H. C.* und *Bartels, H.,* Klin. Wschr. **45**, 553 (1967).
11. *Heinrich, H. C., Bartels, H., Heinrich, B., Hausmann, K.* und *Kuse, R.,* Klin. Wschr. **46**, 199 (1968).
12. *Holtzmann, R. B.* und *Ilcewicz, F. H.,* Science **153**, 1259 (1966).
13. *Hurt, H. D., Cary, E. E.* und *Wisek, W. J.,* J. Nutr. **101**, 761 (1971).
14. *Kim, E., McCoy, M.* und *Weswig, P. H.,* J. Nutr. **98**, 383 (1969).
15. *Lax, L. C., Sidlofski, S.* und *Wernshall, G. A.,* J. Physiol. **132**, 1 (1956).
16. *Longten, M. J., den Tonkelaar, E. M., Kroes, R., Bervens, M.* und *van Esch, G. J.,* Food Cosm. Toxicol. **10**, 475 (1972).
17. *Marx, H.,* Der Wasserhaushalt des gesunden und kranken Menschen. (Berlin 1935).
18. *Mertz, D. P.,* Die extracelluläre Flüssigkeit. (Thieme Verlag. Stuttgart 1962.)
19. *Michelson, J., Thompson jr., J. C., Hess, B. W.* und *Comar, C. L.,* J. Nutr. **78**, (1963).
20. *Moore, F. D., McMurrey, J. D., Parker, H. V.* und *Magnus, I. C.,* Metabolism **5**, 447 (1956).
21. *National Academy of Sciences.* Recommended Dietary Allovances. Seventh Revised Edition. Washington D. C. 1968.
22. *Netter, H.,* Theoretical Biochemistry. (Oliver and Boyd. Edinburg 1969.)
23. *Rajewsky, B., Muth, H. Hantke, H. J.* und *Aurand, K.,* Strahlentherap. **104**, 157 (1957).
24. *Schroeder, H. A.,* J. chron. Dis. **18**, 217 (1965).
25. *Schroeder, H. A.,* Am. J. clin. Nutr. **21**, 230 (1968).
26. *Schroeder, H. A.* und *Balassa, J.,* J. chron. Dis. **19**, 85 (1966).
27. *Schroeder, H. A.* und *Mitchener, M.,* Arch. envir. Health **23**, 102 (1971).
27a. *Schroeder, H. A.* und *Nason, A. P.,* Clin. Chem. **17**, 461 (1971).
28. *Schwarz, K.* und *Miline, D. B.,* Science **174**, 428 (1971).
29. *Schwarz, K. Miline, D. B.* und *Vingard, E.,* Biochem. Biophys. Res. Commun. **40**, 22 (1970).

30. *Scott, M. L., DeLuca, H. F.* und *Suttie, J. W.,* The Fat-solubles Vitamins. University of Wisconsin-Milwaukee-London. 1970. S. 355.
31. *Shol, A. T.,* Mineral Metabolism. (New York 1939).
32. *Stock, A. F.,* Naturwiss. **22**, 390 (1934).
33. *Sunderman, F. W. jr., Nomoto, S., Morang, R., Nechay, M. W., Burke, C. N* und *Nielsen, S. W.,* J. Nutr. **102**, 259 (1972).
34. *Til, H. P., Feron, V. H.* und *de Groot, A. P.,* Food Cosm. Toxicol. **10**, 291 463 (1972).
35. *Turner, R. C.,* Brit. J. Cancer **16**, 200 (1962).
36. *Wirths, W.,* Briefliche Mitteilung 1972.
37. *World Health Organization.* Technical Report Series Nr. 503. Genf 1972.
38. *World Health Organization.* Technical Report Series Nr. 505. Genf 1972.

Sachverzeichnis

133

Steinkopff Studientexte

H. Sajonski / A. Smollich
Zelle und Gewebe
Eine Einführung für Mediziner und Naturwissenschaftler
1973. 2. Auflage. VIII, 274 Seiten, 169 Abb. DM 36,–

W. Heimann
Grundzüge der Lebensmittelchemie
1972. 2. Auflage. XXVII, 620 Seiten, 23 Abb. DM 46,60

G. Müller
Grundlagen der Lebensmittelmikrobiologie
1974. 215 Seiten, 60 Abb. DM 24,–

K. Winterfeld
Organisch-chemische Arzneimittelanalyse
1971. XII, 308 Seiten, DM 18,–

K. Lang
Biochemie der Ernährung
1974. 3. Auflage. XVI, 676 Seiten, 95 Abb. Studienausgabe DM 126,–

W. Jost / J. Troe
Kurzes Lehrbuch der physikalischen Chemie
1973. 18. Auflage. XIX, 493 Seiten, 139 Abb. DM 34,80

P. Nylén / N. Wigren
Einführung in die Stöchiometrie
1973. 16. Auflage. XI, 289 Seiten, DM 28,80

H. Sirk / M. Draeger
Mathematik für Naturwissenschaftler
1972. 12. Auflage. XII, 399 Seiten, 163 Abb. DM 26,60

H. Sirk / O. Rang
Einführung in die Vektorrechnung
1974. 3. Auflage. XII, 240 Seiten, 146 Abb. DM 28,–

W. Pepperhoff / H. H. Ettwig
Interferenzschichten-Mikroskopie
1970. VIII, 79 Seiten, 44 z. T. farb. Abb. DM 28,–

I. Roitt
Leitfaden der Immunologie
1974. Etwa VIII, 200 Seiten, 118 Abb. ca. DM 30,–

DR. DIETRICH STEINKOPFF VERLAG · DARMSTADT